현장맞춤
소방설비 점검

김귀주 ◆ 김규현 共著

[본 교재는 강동대학교 연구지원사업비를 지원받아 출간하였습니다.]

목 차

제1장 소방시설의 종류 · 3

제2장 자동화재탐지설비 · 19

제3장 유도등 · 41

제4장 스프링클러설비 · 47

제5장 소방펌프 · 59

제6장 가스계 소화설비 · 65

제7장 제연설비 · 83

제8장 건축방재설비 · 89

저자 소개__

► 김귀주
　강동대학교 소방안전학과 교수

► 김규현
　(주)무한개발 대표

현장맞춤 소방설비 점검

제1장
소방시설의 종류

01 소방시설의 종류

1. 소화설비

개 념	물, 소화약제를 사용 → 소화하는 기계, 기구, 설비
종 류	• 소화기구 　1) 소화기 　2) 간이소화용구 : 에어로졸식, 투척용, 소공간용 등 → 소화용구 　3) 자동확산소화기 • 자동소화장치 　1) 주방자동소화장치 : 주거용, 상업용 　2) 자동소화장치 : 캐비닛형, 가스, 분말, 고체에어로졸 • 옥내소화전설비 : 호스릴옥내소화전설비를 포함 • 스프링클러등 : Sp, 간이, 화재조기진압용 • 물분무등 소화설비 : 물분무, 미분무, 포, 이산화탄소, 할론, 　　　　　　　　 할로겐화합물 및 불활성기체, 분말, 강화액, 고체에어로졸 • 옥외소화전설비

01 소방시설의 종류

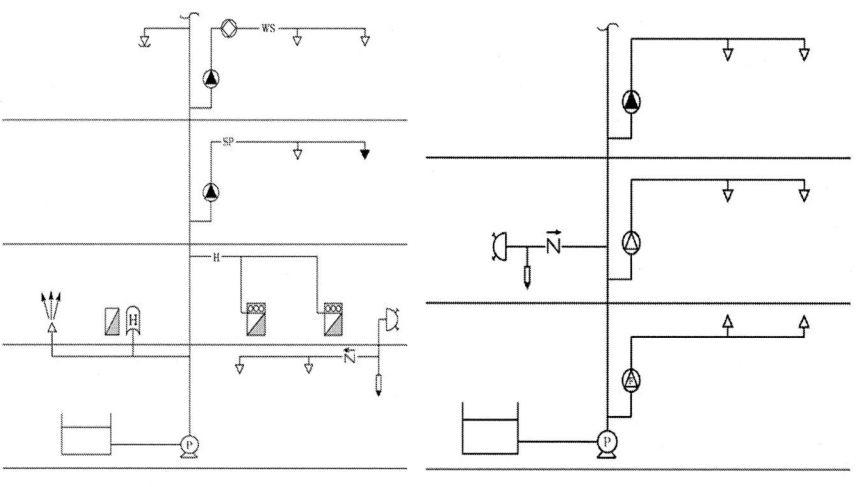

01 소방시설의 종류

2. 경보설비

개 념	▪ 화재발생 사실 → 통보하는 기계, 기구, 설비
종 류	▪ 단독경보형감지기 ▪ 비상경보설비 : 비상벨 설비, 자동식 사이렌설비 ▪ 자동화재탐지설비 / 시각경보기 ▪ 비상방송설비 ▪ 자동화재속보설비 ▪ 통합감시시설 ▪ 누전경보기 ▪ 가스누설경보기

01 소방시설의 종류

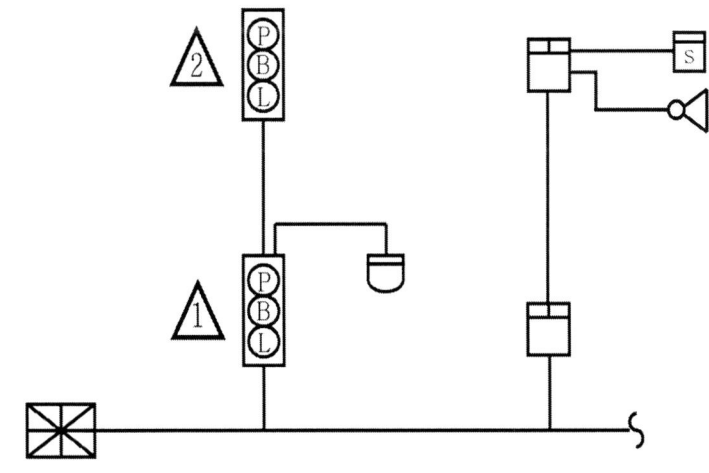

01 소방시설의 종류

3. 피난구조설비

개 념	• 화재가 발생할 경우 → 피난 → 사용하는 기구, 설비
종 류	• 피난기구 : 피난사다리, 구조대, 완강기 등 • 인명구조기구 : 방열복, 방화복, 공기호흡기, 인공소생기 • 유도등 : 피난유도선, 피난구유도등, 통로유도등, 객석유도등, 유도표지 • 비상조명등 및 휴대용비상조명등

01 소방시설의 종류

4. 소화용수설비

개 념	• 화재를 진압 → 물 → 공급, 저장하는 설비
종 류	• 상수도소화용수설비 • 소화수조, 저수조 그 밖의 소화용수설비

01 소방시설의 종류

5. 소화활동설비

개 념	▪ 화재를 진압, 인명구조활동 → 사용하는 설비
종 류	▪ 제연설비 ▪ 연결송수관설비, 연결살수설비, 연소방지설비 ▪ 비상콘센트설비 ▪ 무선통신보조설비

01 소방시설의 종류

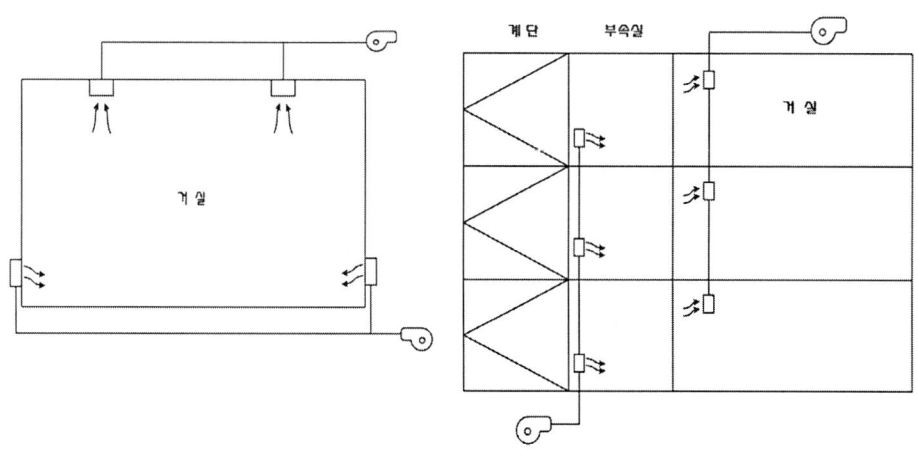

02 모듈의 명칭 및 기능

1. 수신기 단자대 모듈

특징 및 기능	• 단자대 모듈에서 각 소방 모듈로 연결

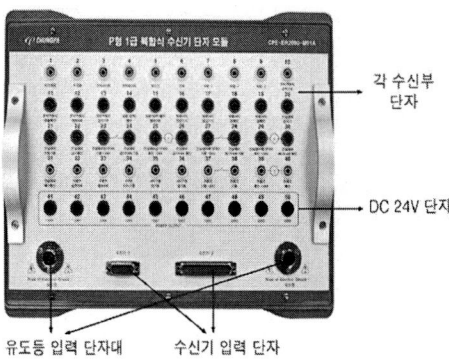

02 모듈의 명칭 및 기능

2. 감지기 모듈

특징 및 기능	• 자동(열연기 감지기시험기), 수동 → 기동 → 동작표시등 작동

정온식 : 70℃ 동작
차동식 : 공기팽창식
광전식 : 감광율 15% 농도
산란광 검출방식

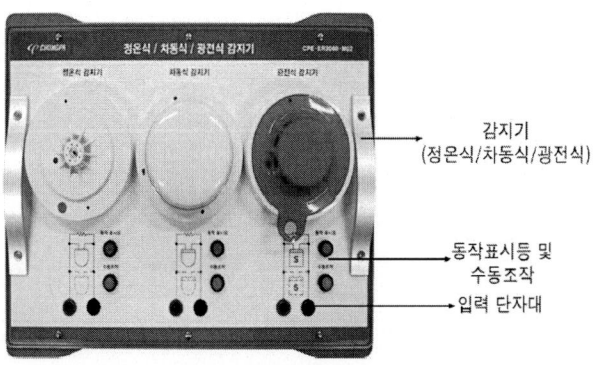

02 모듈의 명칭 및 기능

3. 발신기 모듈

특징 및 기능	▪ 화재발생 → 수동조작 → 경종작동 / P형 1급 발신기

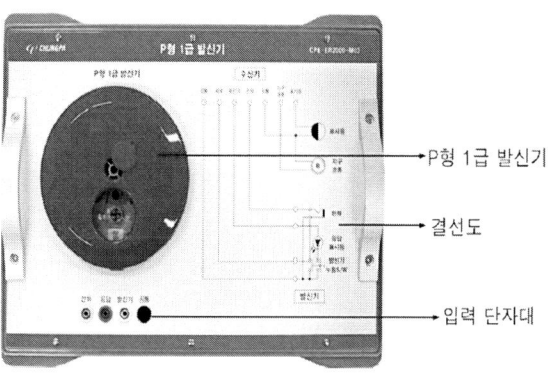

02 모듈의 명칭 및 기능

4. 경종 / 전자사이렌 모듈

특징 및 기능	▪ 감지기, 발신기 작동 → 수신기 → 경종, 전자사이렌 작동

경종 : 모터식
전자사이렌
 : 음량 → 90db/m

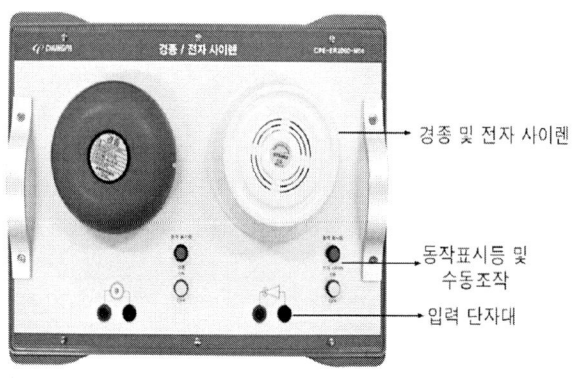

02 모듈의 명칭 및 기능

5. 시각경보장치 모듈

특징 및 기능	▪ 청각장애인 → 화재 경보장치

형식 : LED, 비동기식
소비전류 : 150mA 이하

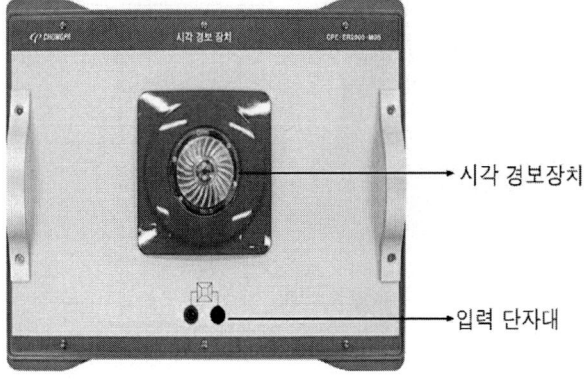

→ 시각 경보장치
→ 입력 단자대

---

02 모듈의 명칭 및 기능

6. 유도등 모듈

특징 및 기능	▪ 화재발생, 정전시 → 출구의 위치, 방향을 확인 → 안전한 피난 / 종류 : 피난구, 통로, 객석

축전지 내장 : 60분 점등
상용전원 정전 → 비상전원으로 자동점등

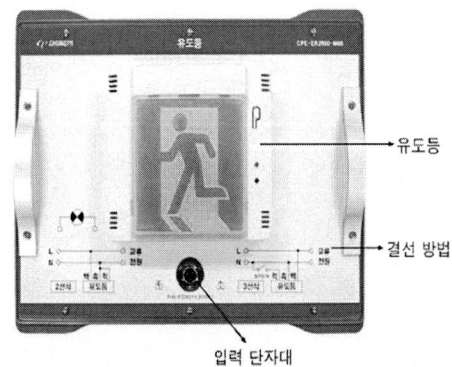

→ 유도등
→ 결선 방법
→ 입력 단자대

02 모듈의 명칭 및 기능

7. SP헤드 모듈

특징 및 기능	▪ 헤드종류 : 폐쇄형, 개방형 / 설비의 종류 : 습식, 건식, 준비작동식, 일제살수식

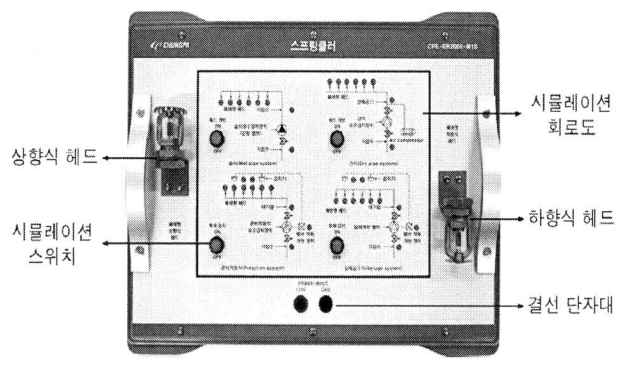

- 상향식 헤드
- 시뮬레이션 스위치
- 시뮬레이션 회로도
- 하향식 헤드
- 결선 단자대

02 모듈의 명칭 및 기능

8. 알람밸브 모듈

특징 및 기능	▪ 화재발생 → 헤드개방 → 배관내부 압력저하 → 밸브개방 → 압력스위치 작동

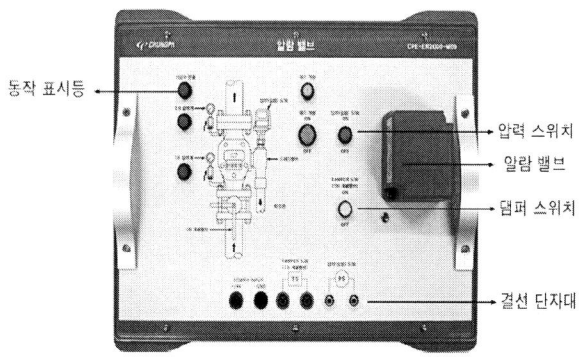

- 동작 표시등
- 압력 스위치
- 알람 밸브
- 댐퍼 스위치
- 결선 단자대

02 모듈의 명칭 및 기능

9. 프리액션밸브 모듈

특징 및 기능	▪ 감지기 작동(A, B) → 전자개방밸브 작동 → 알람스위치 작동

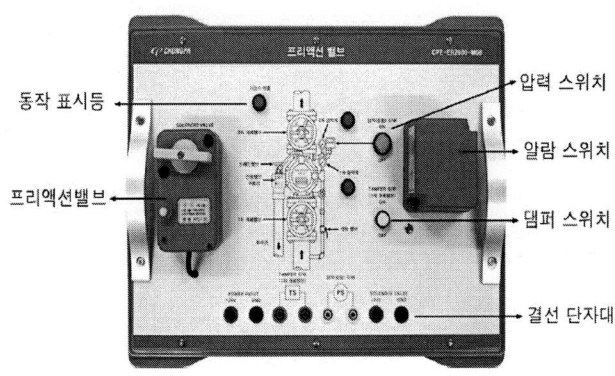

02 모듈의 명칭 및 기능

10. SP 수동조작함 모듈 : 준비작동식 밸브

특징 및 기능	▪ 화재발생 → 유수검지장치 미개방 → 강제기동 → 유수검지장치 개방

밸브개방 : 2차측 → 유수흐름
밸브주의 : 1,2차측 → 개폐밸브 폐쇄

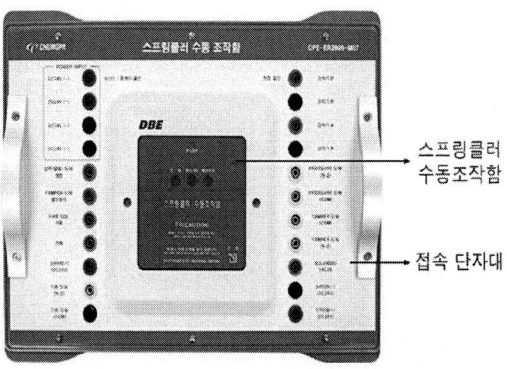

02 모듈의 명칭 및 기능

11. 표시등(위치, 소화펌프 기동) 모듈

특징 및 기능	▪ 소화전 위치 표시등 → 부착면 15도 이상 범위 + 부착지점 10m 이내 → 쉽게 식별

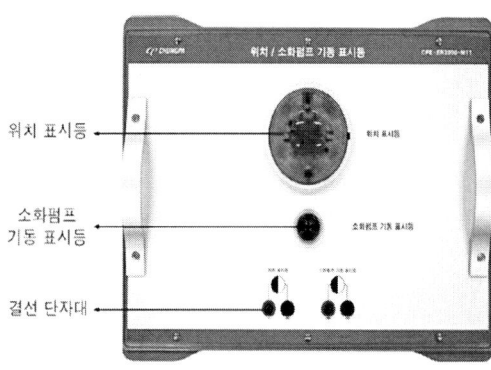

02 모듈의 명칭 및 기능

12. 소화펌프 모듈

특징 및 기능	▪ 유체에 에너지 공급 → 소화수 이동 / 관성력, 부력, 점성력

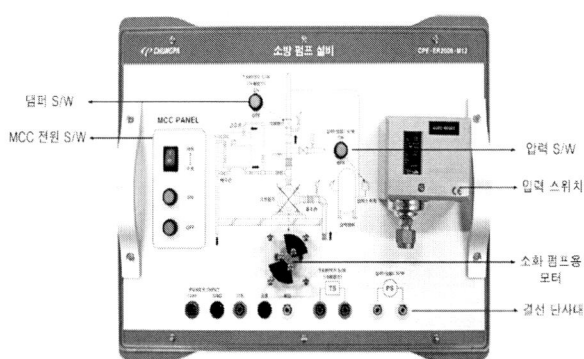

02 모듈의 명칭 및 기능

13. 가스계 기동용기함 모듈

특징 및 기능	▪ 감지기(A, B), 수동조작함 작동 → 솔레노이드 밸브 작동 → 기동용기 개방 → 선택밸브, 저장용기

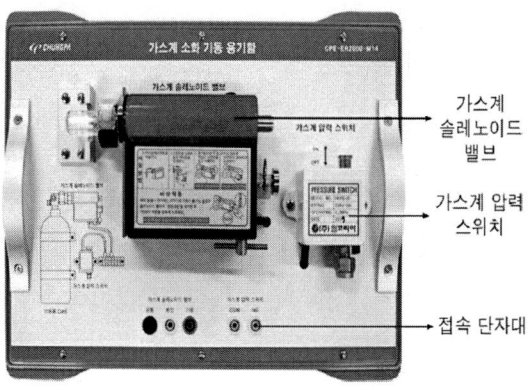

02 모듈의 명칭 및 기능

14. 가스계 수동조작함 모듈

특징 및 기능	▪ 화재발생 → 기동 스위치 작동 → 솔레노이드밸브 연동 → 약제 방출

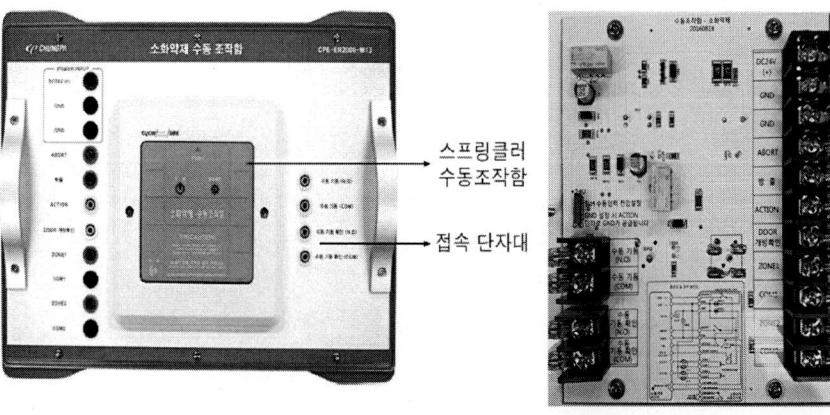

02 모듈의 명칭 및 기능

15. 가스방출표시등 모듈

특징 및 기능	• 소화가스 방출 → 압력스위치 작동 → 가스방출 표시등 점등 + 수신기 + 수동조작함

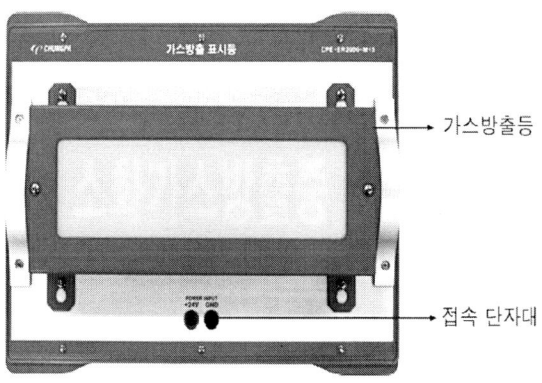

02 모듈의 명칭 및 기능

16. 댐퍼 수동조작함 모듈

특징 및 기능	• 덕트에 설치 → 급기구와 배기구 개방

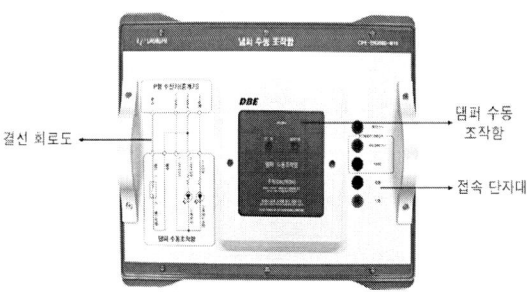

02 모듈의 명칭 및 기능

17. 제연설비 급기 모듈

특징 및 기능	■ 감지기, 수동조작함 작동 → 급기댐퍼 개방 → 신선한 공기 공급

차압 : 40Pa 이상
개방력 : 110N 이하
방연풍속 : 0.5m/s, 0.7m/s 이상

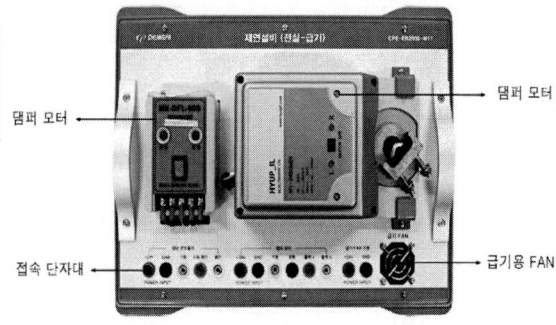

02 모듈의 명칭 및 기능

18. 제연설비 배기 모듈

특징 및 기능	■ 감지기, 수동조작함 작동 → 화재층 댐퍼만 개방 → 유입공기 배출

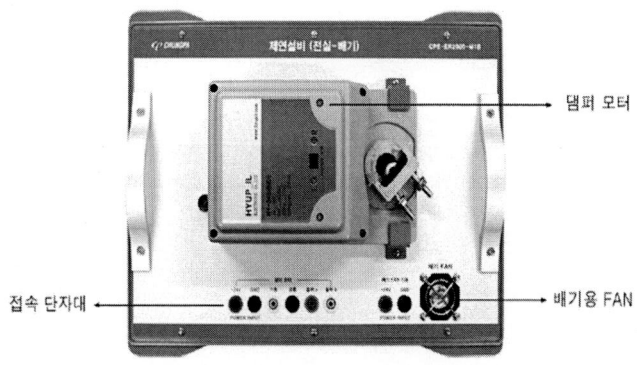

02 모듈의 명칭 및 기능

19. 방화셔터 모듈

특징 및 기능	▪ 연기감지기 작동 → 1단 강하 → 열감지기 작동 → 2단 강하 → 화염, 연기의 이동을 차단

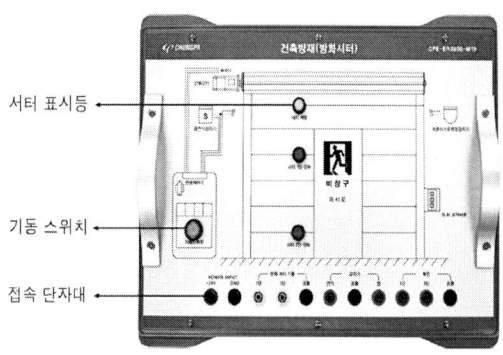

강 의 노 트

1.

2.

3.

제2장
자동화재탐지설비

01 자동화재탐지설비의 구조 원리

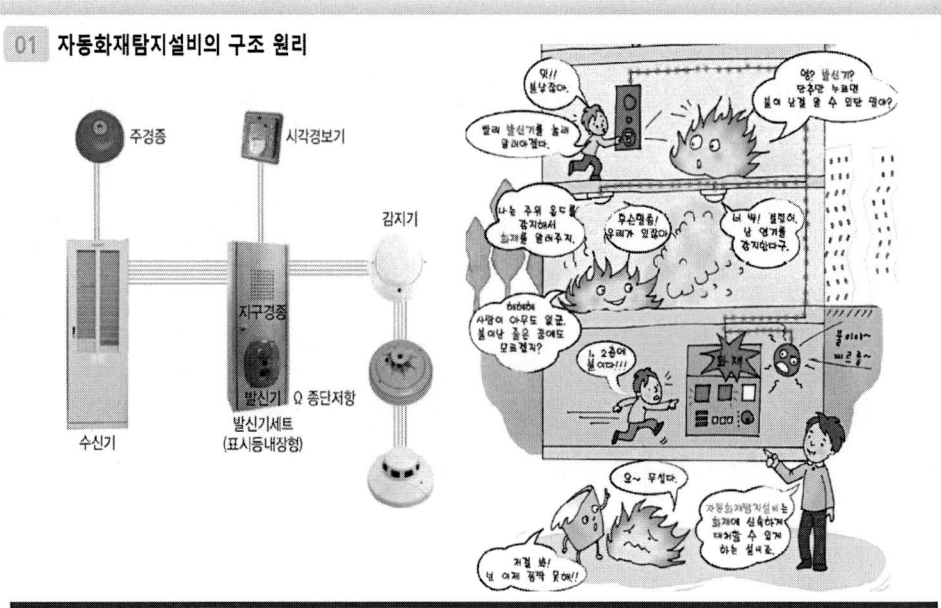

01 자동화재탐지설비의 구조 원리

1. 수신기

개 념	▪ 감지기, 발신기 ⇒ 직접, 중계기 ⇒ 신호를 수신 ▪ 건물관계자 ⇒ 화재를 표시, 음향장치 작동

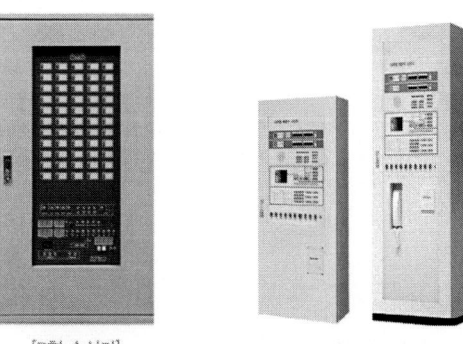

[P형 수신기]　　　　[R형 수신기]

01 자동화재탐지설비의 구조 원리

1. 수신기

P 형	▪ 일반적으로 사용 ▪ 각 회로별 ⇒ 경계구역을 표시 ⇒ 지구표시등을 설치
R 형	▪ 고유신호를 수신 ⇒ 숫자 등 기록장치로 표시 ▪ 회선수가 많은 장소에 설치(다수 동, 초고층 건축물)

경계구역	▪ 개념 : 화재발생 ⇒ 유효하고, 효율적 ⇒ 감시 구역
	▪ 설치기준
	  1) 건축물별, 층별 ⇒ 설치(500 m² 이하 ⇒ 2 개층 ⇒ 하나의 경계구역)
	  2) 면적 : 600 m² 이하
	  3) 한 변의 길이 : 50m 이하
	    (주된 출입구 ⇒ 내부전체가 보이는 것 ⇒ 50m 이하, 1,000 m² 이하)
	  4) 지하구 : 길이 700m 이하

01 자동화재탐지설비의 구조 원리

1. 수신기

설치기준	▪ 4층 이상 ⇒ 발신기와 전화통화 ⇒ 가능 / 수신기의 조작스위치 높이 : 0.8~1.5 m ▪ 설치장소 : 상시 근무하는 장소(수위실 등)

[P형 수신기]

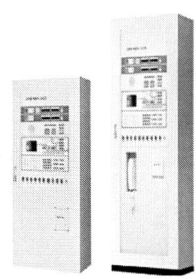
[R형 수신기]

01 자동화재탐지설비의 구조 원리

[수신기의 스위치별 기능(P형 1급)]

화재표시등	화재발생 ⇒ 적색으로 표시
지구표시등	화재신호가 발생 ⇒ 경계구역을 표시
전압계	수신기의 공급전압을 표시
예비전원 감시표시등	예비전원 ⇒ 이상유무 ⇒ 확인
스위치 주의 표시등	각 조작스위치 ⇒ 정상위치에 있지 않을 경우 ⇒ 점멸, 점등
도통시험 표시등	도통시험 ⇒ 회로의 불량, 정상 ⇒ 표시
예비전원시험스위치	예비전원 ⇒ 베터리 충전상태 ⇒ 점검
주경종정지 스위치	수신기 옆, 내부 ⇒ 주 경종 ⇒ 정지
지구경종정지 스위치	지구경종의 명동 ⇒ 정지

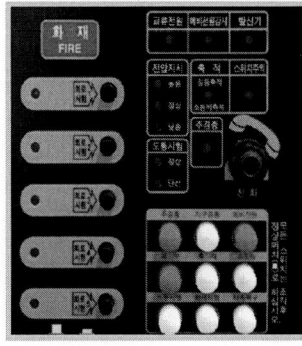

01 자동화재탐지설비의 구조 원리

[수신기의 스위치별 기능(P형 1급)]

동작시험 스위치	수신기에 화재신호 ⇒ 수동 입력 ⇒ 수신기 동작상태 확인
도통시험 스위치	선택된 회로 ⇒ 결선상태를 확인
회로선택 스위치	동작시험, 회로 도통시험 ⇒ 회로를 선택 ⇒ 사용
자동복구 스위치	감지기 복구 ⇒ 수신기의 동작 상태 ⇒ 자동복구
화재복구 스위치	수신기의 동작상태 ⇒ 정상으로 복구
부 저	발신기의 전화잭 ⇒ 송수화기 연결 ⇒ 부저울림
전화잭	발신기와 수신, 수신기 상호간 ⇒ 통화가능
비상방송정지 스위치	비상방송 ⇒ 연동 ⇒ 정지
축적스위치	오작동 방지, 감지기 작동 ⇒ 수신기의 지구표시등, 주 음향장치 ⇒ 명동

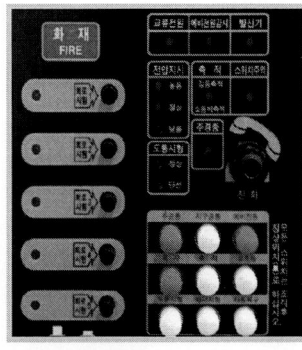

01 자동화재탐지설비의 구조 원리

2. 발신기

개념	▪ 화재 발견자 ⇒ 수동으로 누름버튼 ⇒ 수신기에 신호발신 ▪ 종류 : P형, T형, M형
설치기준	▪ 스위치 높이 : 0.8 ~ 1.5 m ▪ 설치위치 : 층마다 설치 ▪ 수평거리 : 25m

동작원리	▪ 동작 : 발신기 누름스위치를 누름 ⇒ 수신기동작 ⇒ 응답표시등 점등
	      (화재표시등, 지구표시등, 발신기표시등, 경보장치 작동)
	▪ 복구 : 발신기 누름스위치 복구 ⇒ 수신기 복구스위치를 누름
	  ⇒ 응답표시등 소등, 수신기의 동작표시등 소등

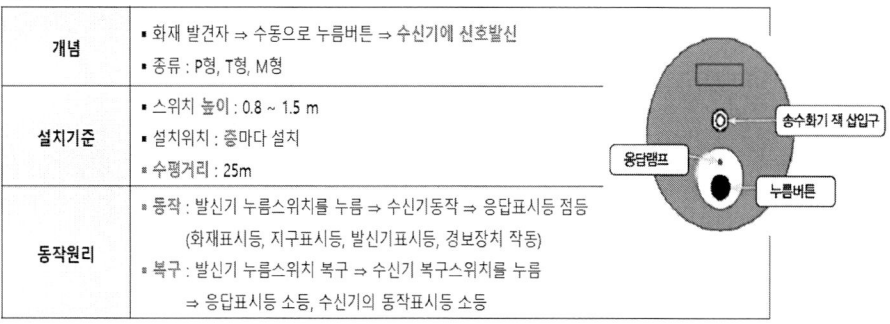

01 자동화재탐지설비의 구조 원리

3. 감지기

개념	▪ 화재발생 ⇒ 열, 연기, 불꽃 등 감지 ⇒ 화재신호를 발신 ⇒ 수신
감지기 종류	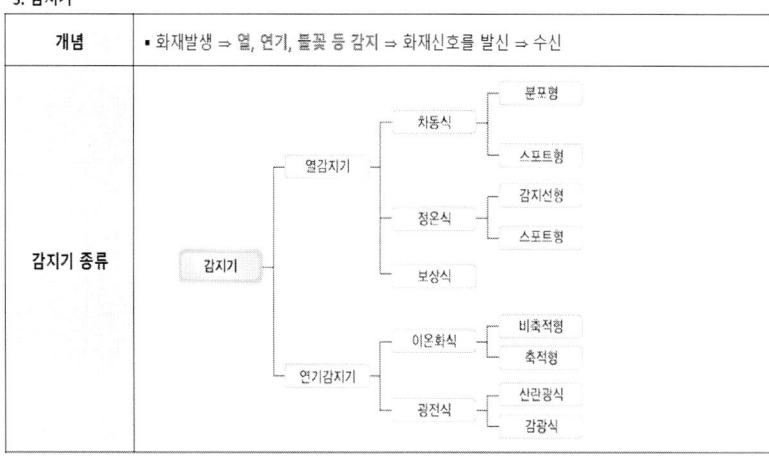

01 자동화재탐지설비의 구조 원리

3. 감지기

감지기
특징
	▪ 차동식 스포트형
	  1) 주위온도 ⇒ 일정상승률 이상 ⇒ 작동
	  2) 설치장소 : 거실, 사무실 등
	▪ 정온식 스포트형
	  1) 주위온도 ⇒ 일정온도 이상 ⇒ 작동
	  2) 설치장소 : 보일러실, 주방 등
	▪ 연기감지기
	  1) 이온화식, 광전식
	  2) 설치장소 : 계단, 복도 등

01 자동화재탐지설비의 구조 원리

4. 차동식 스포트형 감지기

구 조	감열실, 다이아프램, 리크구멍, 접점 등
동작원리	화재 시 온도상승 ⇒ 감열실 내 공기팽창 ⇒ 다이아프램을 압박 ⇒ 접점형성 ⇒ 화재신호 발신

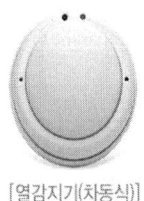
[열감지기(차동식)]

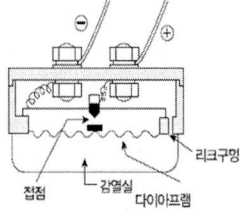

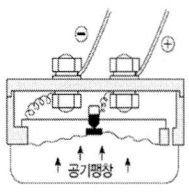

01 자동화재탐지설비의 구조 원리

5. 정온식 스포트형 감지기

구조	바이메탈, 감열판, 접점 등
동작원리	화재 시 감열판에 열전달 ⇒ 바이메탈이 휘어져 기동접점으로 이동 ⇒ 접점형성 ⇒ 화재신호 발신

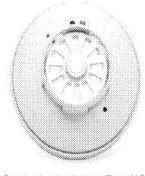
[열감지기(정온식)]

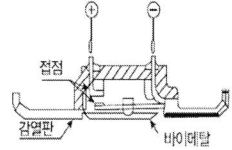

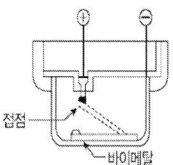

---

01 자동화재탐지설비의 구조 원리

6. 연기 감지기

이온화식스포트형	주위 공기 ⇒ 일정농도 이상의 연기를 포함 ⇒ 감지기 작동
광전식스포트형	연기 ⇒ 빛을 산란반사 ⇒ 광원증가 ⇒ 작동

[연기감지기]

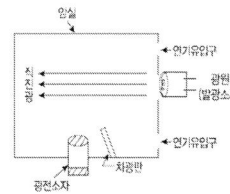

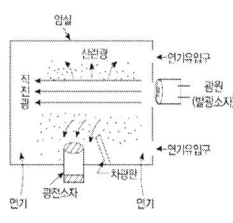

01 자동화재탐지설비의 구조 원리

[이온화식과 광전식 감지기 차이점]

구 분	이온화식	광전식
동작원리	이온전류 감소	광량의 감소, 증가
연기입자	작은 연기입자에 유리 0.01 ~ 0.3 μm	큰 연기입자에 유리 0.2 ~ 1 μm
연기색상	색상무관	회색연기 ⇒ 감도에 유리
적응성	B급화재 등 불꽃화재	A급화재 등 훈소화재

01 자동화재탐지설비의 구조 원리

[감지기 설치 유효면적]

부착높이 및 소방대상물 구분		차동식 스포트형		보상식 스포트형		정온식 스포트형		
		1종	2종	1종	2종	특종	1종	2종
4m 미만	내화구조	90	70	90	70	70	60	20
	기타구조	50	40	50	40	40	30	15
4m 이상 8m 미만	내화구조	45	35	45	35	35	30	
	기타구조	30	25	30	25	25	15	

01 자동화재탐지설비의 구조 원리

7. 음향장치

종류	▪ 주음향장치 : 수신기 내부, 직근 ⇒ 설치 ▪ 지구음향장치 : 각 경계구역 ⇒ 설치
설치기준	▪ 층마다 설치 / 수평거리 : 25m 이하 ▪ 음량크기 : 1m 떨어진 곳 ⇒ 90 dB 이상
경보방식	▪ 전층경보 ▪ 발화층 및 직상발화 경보 : 5층 이상(지하층 제외), 연면적 3,000m² 이상 ▪ 발화층 및 직상 4개층 경보 : 30층 이상(지하층 제외) 건축물

01 자동화재탐지설비의 구조 원리

경보방식의 종류
1) 일제경보방식
2) 발화층 직상층 우선경보방식

01 자동화재탐지설비의 구조 원리

8. 시각경보장치

개 요	자동화재탐지설비 ⇒ 음향장치외 청각장애인용 시각경보장치 ⇒ 설치
설치기준	▪ 설치장소 : 복도, 통로, 청각장애인용 객실 및 공용으로 사용하는 거실 ▪ 설치위치 : 각 부분으로 부터 유효하게 경보를 발할 수 있는 위치 ▪ 공연장, 집회장, 관람장 등 : 시선이 집중 ⇒ 무대부 등 ▪ 설치높이 : 바닥으로부터 2 ~ 2.5m 이하 　　　　　　천장높이가 2m 이하 ⇒ 천장으로부터 0.15m 이내

01 자동화재탐지설비의 구조 원리

9. 배선

방 법	감지기 사이의 회로 배선 : 송배전식 송배전식 : 도통시험 ⇒ 원활히 하기 위한 방식

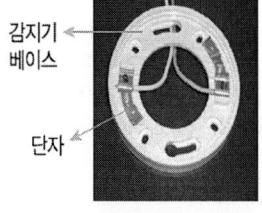

병렬식 배선(불량)

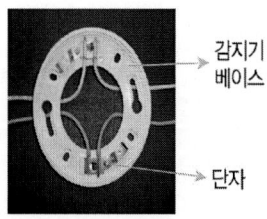

송배전식 배선(정상)

02 자동화재탐지설비의 점검

1. 감지기 동작확인

감지기 작동	LED(발광다이오드) 점등
화재복구	LED(발광다이오드) 소등

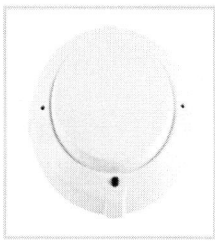

감지기 동작 전   감지기 동작 후

02 자동화재탐지설비의 점검

2. 감지기 작동점검

1 단계	▪ 감지기 동작시험 실시(감지기 시험기, 연기스프레이)  LED 점등 시 정상

02 자동화재탐지설비의 점검

2. 감지기 작동점검

2 단계	▪ LED 미점등 시 감지기 회로 전압 확인

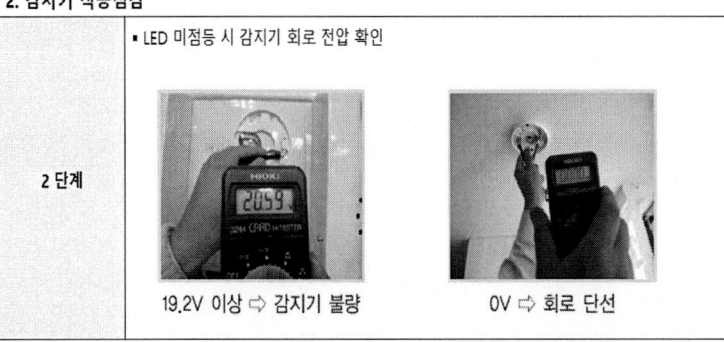

19.2V 이상 ⇨ 감지기 불량   0V ⇨ 회로 단선

02 자동화재탐지설비의 점검

2. 감지기 작동점검

3 단계	▪ 감지기 동작시험 재실시(감지기 시험기, 연기스프레이)

LED 점등 시 정상

02 자동화재탐지설비의 점검

3. 발신기 작동점검

구 성	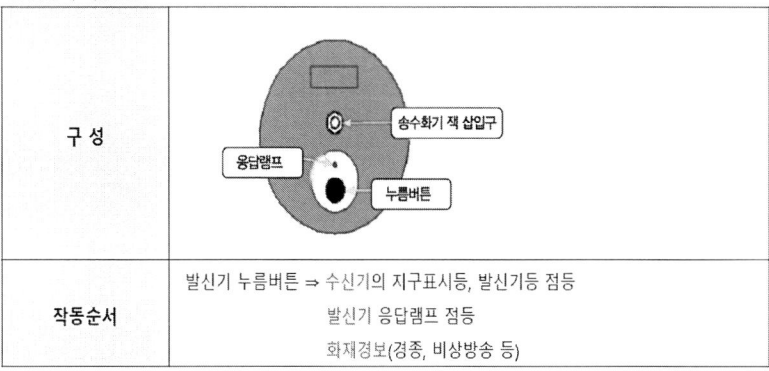
작동순서	발신기 누름버튼 ⇒ 수신기의 지구표시등, 발신기등 점등 발신기 응답램프 점등 화재경보(경종, 비상방송 등)

02 자동화재탐지설비의 점검

3. 발신기 작동점검

1단계	▪ 발신기 누름버튼 스위치 → 누름 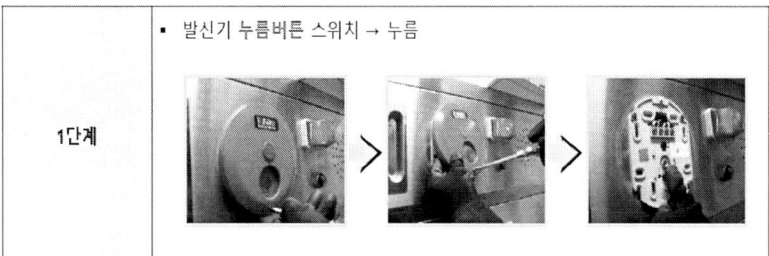

02 자동화재탐지설비의 점검

3. 발신기 작동점검

2단계	▪ 수신기에서 발신기 등 및 발신기 응답램프 점등확인
3단계	▪ 주경종, 지구경종, 비상방송 등 연동설비 확인
4단계	▪ 발신기의 누름버튼 ⇒ 복구(빼냄), 결합
5단계	▪ 수신기 ⇒ 화재신호 복구

02 자동화재탐지설비의 점검

4. 수신기 점검

동작시험	▪ 화재신호 ⇒ 수신기에 수동입력 ⇒ 수신기 작동상태 확인
회로 도통시험	▪ 수신기 회로 ⇒ 단선유무, 기기 등 접속 상황 ⇒ 확인
예비전원 시험	▪ 상용전원이 정전 ⇒ 예비전원으로 자동절환, 전압적정 여부 확인

02 자동화재탐지설비의 점검

4. 수신기 점검 : 동작시험

구 분	로터리 방식	버튼 방식
시험기준	▪ 1회선 마다 복구 ⇒ 모든 회선을 시험 ▪ 축적형 수신기 ⇒ 비축적 위치 ⇒ 시험	
시험순서	▪ 동작시험, 자동복구시험스위치 ⇒ 누른다.	
	▪ 회로선택스위치 ⇒ 회전	▪ 경계구역 동작버튼 ⇒ 누른다.
적부판정	▪ 화재표시등, 지구표시등 ⇒ 점등 ▪ 음향장치 ⇒ 작동확인	
복구방법	▪ 동작시험 및 자동복구 시험스위치 ⇒ 복구 ▪ 표시등 소등 ⇒ 확인	
	▪ 회로선택 스위치 ⇒ 초기 위치	

02 자동화재탐지설비의 점검

※ 로터리 방식 동작시험

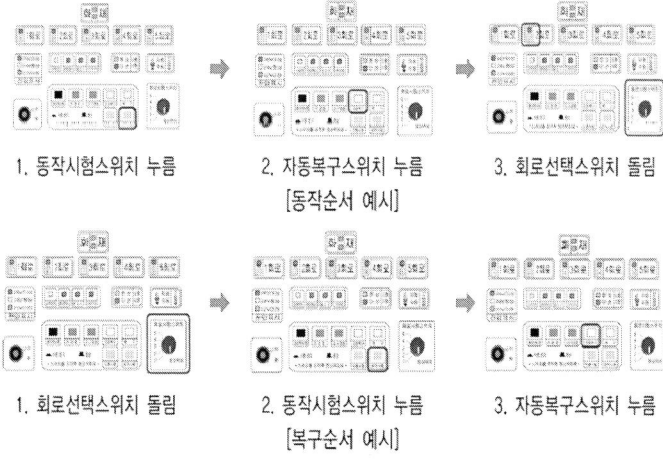

1. 동작시험스위치 누름 2. 자동복구스위치 누름 3. 회로선택스위치 돌림
　　　　　　　　　　　　　　[동작순서 예시]

1. 회로선택스위치 돌림 2. 동작시험스위치 누름 3. 자동복구스위치 누름
　　　　　　　　　　　　　　[복구순서 예시]

02 자동화재탐지설비의 점검

버튼방식 동작시험

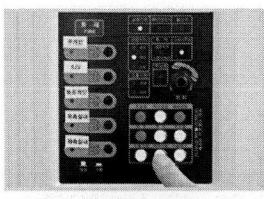 

1. 동작(화재)시험스위치 및 자동복구스위치 누름   2. 각 회로(경계구역) 버튼 누름

[동작순서 예시]

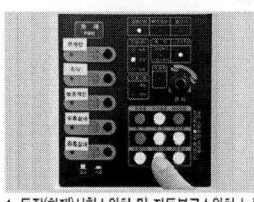 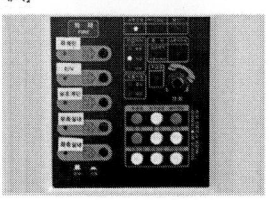

1. 동작(화재)시험스위치 및 자동복구스위치 누름
   (초기상태로 복구)   2. 표시등 소등 확인

[복구순서 예시]

02 자동화재탐지설비의 점검

4. 수신기 점검 : 회로 도통시험

구 분	로터리 방식	버튼 방식
시험순서	▪ 도통시험 스위치 ⇒ 누름	
	▪ 회로선택 스위치 ⇒ 회전	▪ 경계구역 동작버튼 ⇒ 누름
적부 판정방법	▪ 전압계 　정상: 4~8 V, 단선: 0 V ▪ 도통시험 확인등 　정상: 녹색등, 단선: 적색등	▪ 정상: 녹색등 ▪ 단선: 적색등
복구방법	▪ 도통시험 스위치 ⇒ 복구	
	▪ 회로선택스위치 ⇒ 초기위치	

02 자동화재탐지설비의 점검

※ 로터리 방식 도통시험

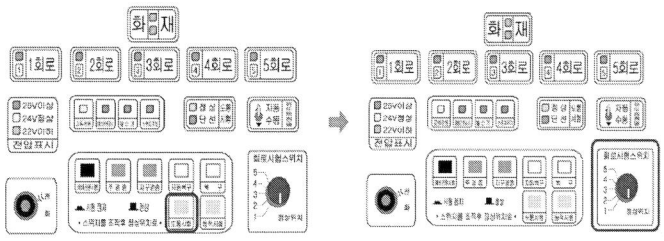

1. 도통시험스위치 누름
2. 회로선택스위치 돌림

02 자동화재탐지설비의 점검

※ 버튼 방식 도통시험

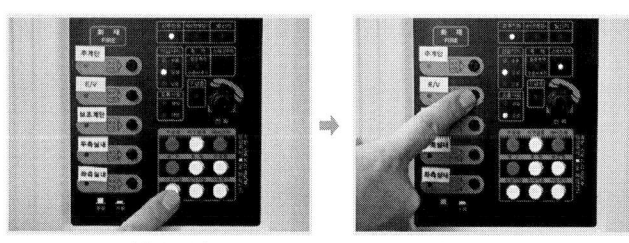

1. 도통시험 스위치 누름
2. 경계구역별 버튼을 눌러 도통시험 표시등(정상, 단선) 점등확인

02 자동화재탐지설비의 점검

4. 수신기 점검 : 예비전원 시험

구 분	로터리 방식	버튼 방식
시험방법	▪ 예비전원 시험스위치 ⇒ 누름 (스위치를 누르고 있을 경우만 ⇒ 시험가능)	
적부 판정방법	▪ 전압계 ⇒ 정상 : 19~29 V ▪ 램프방식 ⇒ 정상: 녹색등 / 불량 : 적색등 ▪ 예비전원의 전압 ⇒ 정상확인 ▪ 자동절환 ⇒ 확인	

---

02 자동화재탐지설비의 점검

※ 로터리 방식 예비전원시험

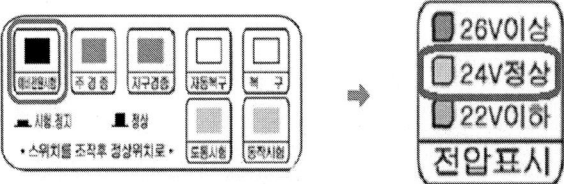

1. 예비전원 시험스위치 누름
(누르고 있는 동안 시험 확인)

2. 예비전원 결과 확인
(전압 적정여부 확인)

02 자동화재탐지설비의 점검

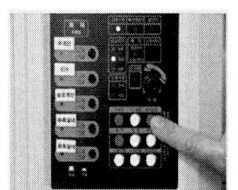 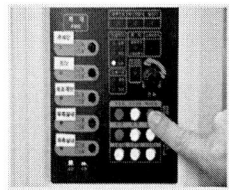

버튼방식 예비전원시험

1. 예비전원 시험스위치 누름
 (누르고 있는 동안 시험 확인)

2. 전압지시(높음, 정상, 낮음) 상태 확인

예비전원 감시등이 점등된 경우는 예비전원 연결소켓이 분리되었거나 예비전원방전이 원인이다.

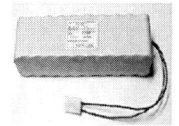 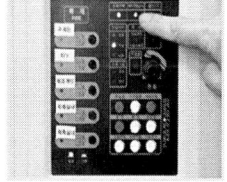

03 자동화재탐지설비 : 감지기 결선

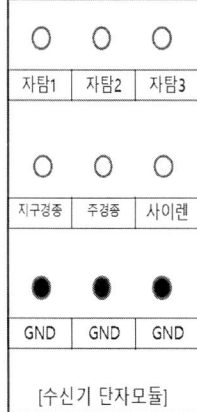

[수신기 단자모듈]

[감지기 모듈]

[경종 / 사이렌 모듈]

03 자동화재탐지설비 : 발신기 결선

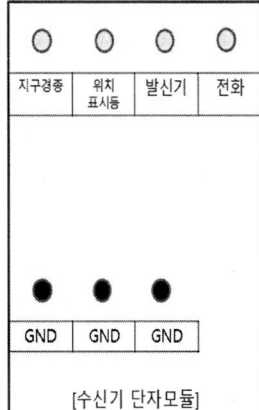
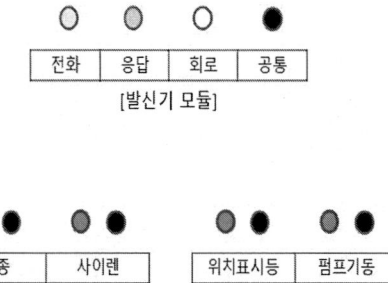

03 자동화재탐지설비 : 종합 결선

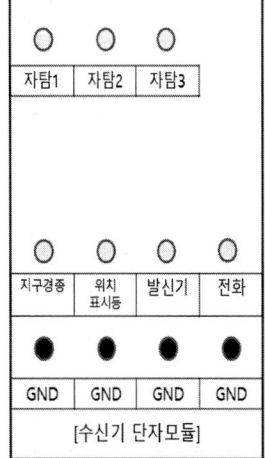
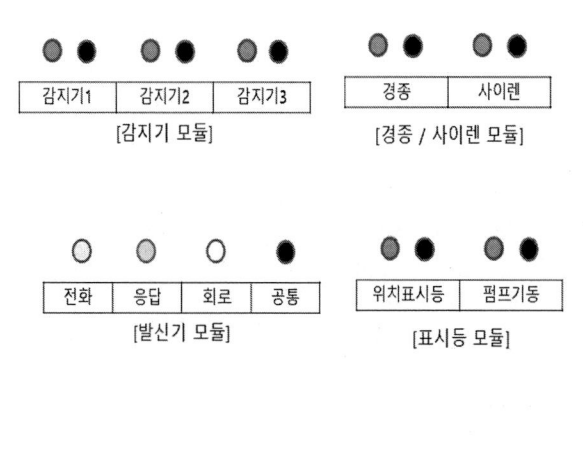

03 자동화재탐지설비 : 감지기 결선

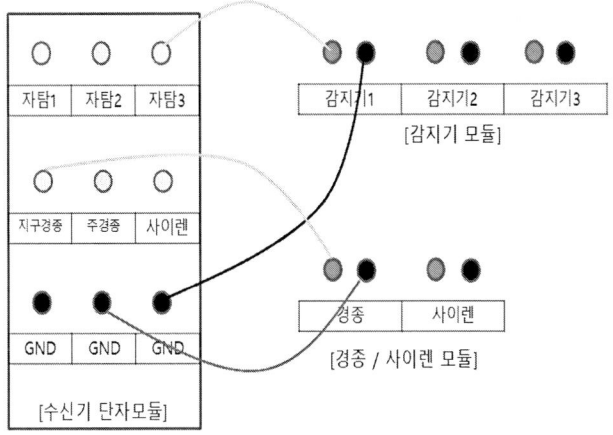

03 자동화재탐지설비 : 발신기 결선

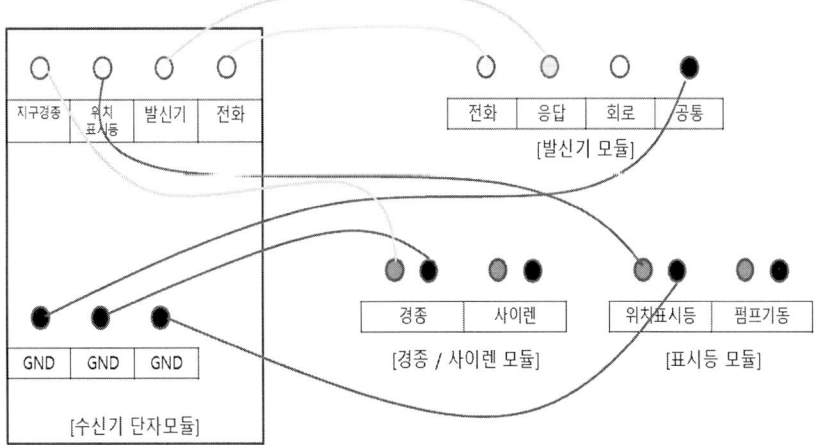

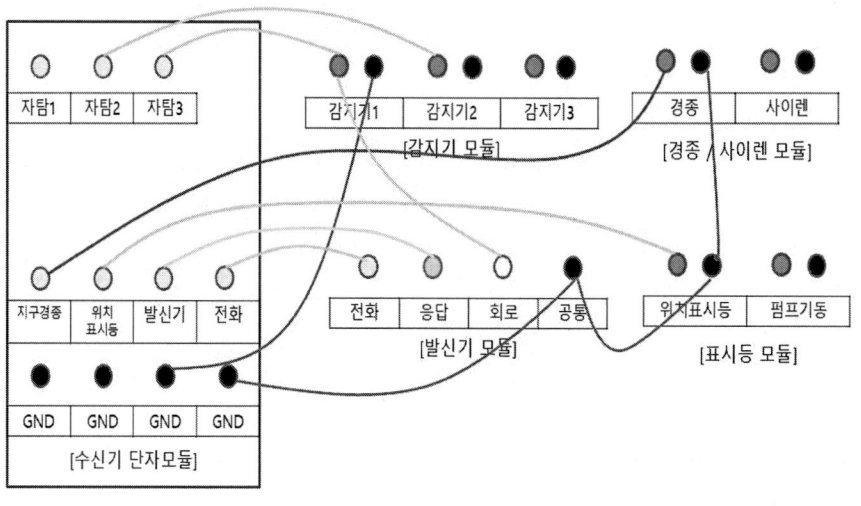

강의노트

🚗 1.

🚗 2.

🚗 3.

제3장
유도등

01 유도등 개요

유도등	1) 화재 발생 ⇒ 피난유도 ⇒ 등, 표지 2) 평상시 ⇒ 상용전원 3) 정전 ⇒ 비상전원으로 자동절환 ⇒ 20분 이상 작동 　　60분 이상 : 11층 이상 층, 지하층, 무창층 ⇒ 용도(도매시장, 소매시장, 여객 자동차터미널, 지하역사, 지하상가)

02 유도등 설치대상

설치장소	종 류
공연장, 집회장, 관람장, 운동시설	대형, 통로, 객석
유흥주점영업시설(카바레, 나이트 클럽 등)	
위락, 판매, 운수, 관광숙박, 의료, 장례식장, 방송통신 전시장, 지하상가, 지하역사	대형, 통로
숙박, 오피스텔	중형, 통로
지하층, 무창층, 11층 이상	
근생, 노유자, 업무, 발전, 종교, 교육연구, 수련, 공장, 창고, 교정, 군사, 기숙사, 자동차정비공장, 운전학원, 정비학원, 다중이용업소, 복합건축물, 아파트	소형, 통로
그 밖의 것	피난구유도표지 통로유도표지

03 유도등 종류

1. 피난구 유도등

개 념	▪ 피난구, 피난 경로 ⇒ 출입구를 표시
설치높이	▪ 피난구 바닥 ⇒ 1.5m 이상 출입구
설치장소	▪ 옥내 ⇒ 직접 지상으로 접하는 ⇒ 출입구, 부속실 출입구 ▪ 직통계단, 직통계단의 계단실, 부속실의 출입구 ▪ 직통계단, 출입구 ⇒ 복도, 통로 ⇒ 통하는 출입구 ▪ 안전구획된 거실 ⇒ 통하는 출입구

03 유도등 종류

03 유도등 종류

2) 통로 유도등 : 피난구 방향 ⇒ 명시

복도통로	▪ 복도에 설치 ⇒ 피난구 방향을 명시 ⇒ 통로유도등 ▪ 설치높이 : 바닥 ⇒ 1m 이하
거실통로	▪ 거실, 주차장 등 거실 ⇒ 피난구 방향을 명시 ⇒ 통로유도등 ▪ 설치높이 : 바닥 ⇒ 1.5m 이상
계단통로	▪ 계단참, 경사로 참 ⇒ 바닥면을 비추는 ⇒ 통로유도등 ▪ 설치높이 바닥 ⇒ 1m 이하

03 유도등 종류

3. 객석 유도등

객석 유도등	▪ 객석 ⇒ 통로, 바닥, 벽 ⇒ 설치
설치개수	▪ 설치개수 = $\dfrac{객석통로의\ 직선부분의\ 길이}{4} - 1$

04 유도등 점검

배선공사	▪ 항상 점등상태를 유지 ⇒ 2선식 공사 ▪ 예외 : 3선식 공사 ⇒ 가능

3선식 공사	▪ 소방대상물, 그 부분 ⇒ 사람이 없는 경우
	▪ 3선식 배선 ⇒ 상시 충전되는 구조
	  1) 외부광 ⇒ 피난구, 피난방향 ⇒ 쉽게 식별
	  2) 공연장, 암실 등 ⇒ 어두워야 할 필요가 있는 장소
	  3) 관계인, 종사원 ⇒ 주로 사용하는 장소

자동 점등	▪ 자탐 ⇒ 감지기, 발신기 ⇒ 작동 ▪ 비상경보 ⇒ 발신기 ⇒ 작동 ▪ 상용전원 ⇒ 정전, 전원선이 단선 ▪ 방재실, 배전반 ⇒ 수동점등 ▪ 자동소화설비 ⇒ 작동

04 유도등 점검

3선식 유도등	▪ 수신기에서 수동점등 ⇒ 유도등 점등 확인 ▪ 감지기, 발신기, SP 등 ⇒ 작동 ⇒ 유도등 점등 확인

유도등 절환스위치 수동전환   유도등 점등 확인

유도등 절환스위치 자동전환   감지기, 발신기 동작   유도등 점등 확인

04 유도등 점검

2선식 유도등	▪ 평상 시 ⇒ 점등여부 확인 ▪ 절전을 위해 꺼 놓으면 ⇒ **배터리 방전** ⇒ 정전 시 미점등
예비전원	▪ 점검 스위치 ⇒ 당기거나 눌러서 ⇒ 점등상태 확인

[평상시 점등이면 정상]

[평상시 소등이면 비정상]

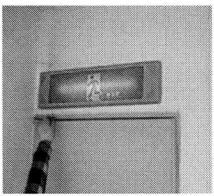
[예비전원 점검스위치]

[예비전원 점검버튼]

05 유도등 결선

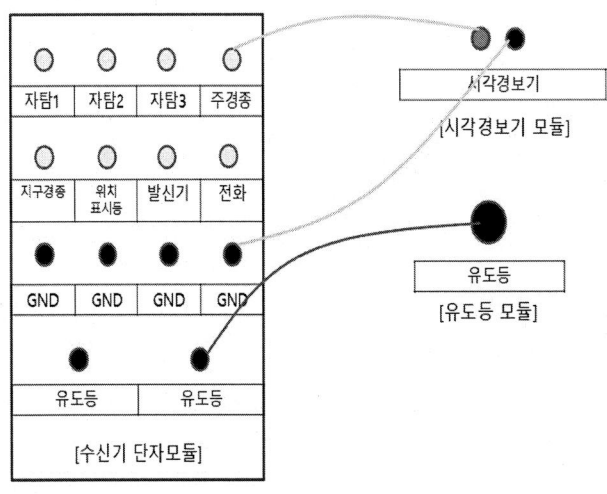

제4장
스프링클러설비

01 스프링클러설비의 개요

개요	1) 자동식 소화설비 2) 화재 발생 ⇒ 스프링클러 헤드 ⇒ 자동으로 물을 방사 ⇒ 화재진압 3) 자동적으로 화재를 감지 ⇒ 화재경보 + 소화

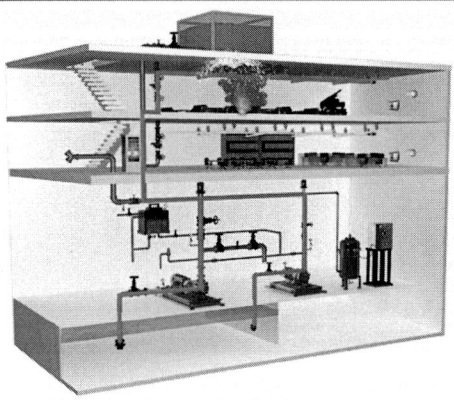

02 스프링클러설비의 구조원리

1. 헤드의 구조

후레임	▪ 헤드의 나사부분과 디플렉타 ⇒ 연결하는 이음쇠
디플렉타	▪ 헤드의 방수구 ⇒ 유출되는 물 ⇒ 세분
감열체	▪ 정상상태 ⇒ 방수구를 폐쇄 ▪ 열 ⇒ 스스로 파괴, 용해 ⇒ 헤드 개방 ▪ 종류 : 퓨즈블링크, 유리벌브

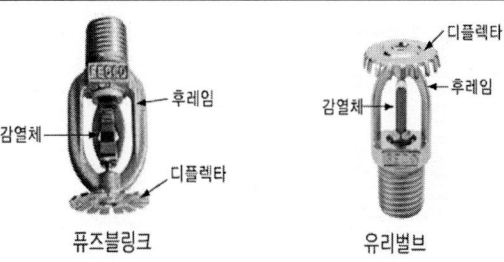

퓨즈블링크   유리벌브

02 스프링클러설비의 구조원리

2. 헤드의 종류 : 감열체의 유무

폐쇄형	▪ 감열체 ⇒ 일정온도 ⇒ 자동적으로 파괴, 용해, 이탈 ⇒ 헤드
개방형	▪ 감열체가 없음 ⇒ 항상 열려져 있는 헤드

폐쇄형

개방형

02 스프링클러설비의 구조원리

2. 헤드의 종류

부착방식	 상향형　　　하향형　　　측벽형

02 스프링클러설비의 구조원리

2. 헤드의 종류 : 주위온도에 따른 분류

설치장소의 최고 주위온도	표시온도
39 ℃ 미만	79 ℃ 미만
39 ~ 64 ℃ 미만	79 ~ 121 ℃ 미만
64 ~ 106 ℃ 미만	121 ~ 162 ℃ 미만
106 ℃ 이상	162 ℃ 이상
높이 4m 이상 ⇒ 공장, 창고 ⇒ 표시온도 121 ℃ 이상의 것	

02 스프링클러설비의 구조원리

3. 헤드의 방수량 및 방수압력

방수압력	• 0.1 Mpa 이상 1.2 Mpa 이하
방수량	• 80 L/min 이상

02 스프링클러설비의 구조원리

4. 헤드의 기준개수

스프링클러설비 설치장소			기준개수(개)
지하층을 제외한 층수가 10층 이하인 소방대상물	공장, 창고 (랙크식창고 포함)	특수가연물을 저장, 취급	30
		그 밖의 것	20
	근생, 판매, 운수 복합건축물	판매시설, 복합건축물(판매시설 설치되는 복합건축물)	30
		그 밖의 것	20
	그 밖의 것	헤드의 부착높이가 8m 이상	20
		헤드의 부착높이가 8m 미만	10
아파트			10
지하층을 제외한 층수가 11층 이상인 소방대상물(아파트 제외) 지하가 또는 지하역사			30

02 스프링클러설비의 구조원리

4. 수원

저수량	▪ 폐쇄형 : 헤드 기준개수 × 1.6 m³ 이상(80 lpm×20분) 　30~49층 : 3.2 m³ 이상(80 lpm × 40분) 　50층 이상 : 4.8 m³ 이상(80 lpm × 60분) ▪ 개방형 　30개 이하 : 설치헤드개수 × 1.6 m³ 이상 　30개 초과 : 펌프 토출량[lpm] × 20 min

02 스프링클러설비의 구조원리

5. 배관

가지배관	▪ 개념 : 헤드가 설치된 배관 ▪ 토너먼트방식이 아닐 것. ▪ 한 쪽 가지배관의 헤드 수 : 8개 이하
교차배관	▪ 개념 : 직접, 수직배관 ⇒ 가지배관에 급수하는 배관 ▪ 위치 : 가지배관 ⇒ 수평, 밑 ⇒ 설치 ▪ 끝에 청소구를 설치 / 나사보호용의 캡 ⇒ 마감
기타	▪ 배관부속품, 물올림장치, 순환배관, 펌프성능시험배관 　⇒ 옥내소화전설비 준용

02 스프링클러설비의 구조원리

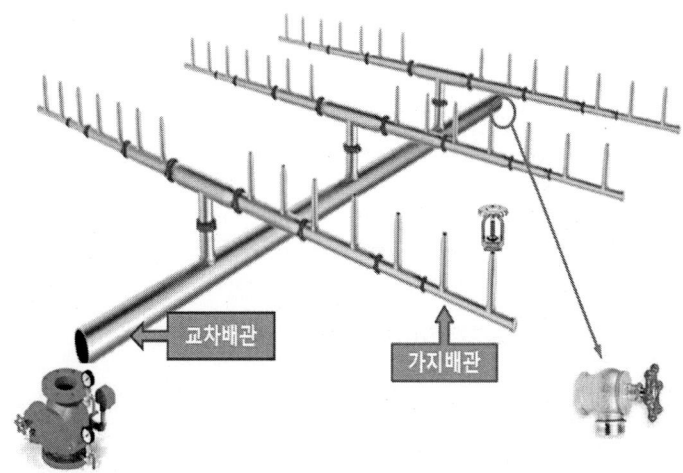

02 스프링클러설비의 구조원리

6. 유수검지장치

종 류	▪ 배관 내 유수현상 ⇒ 자동으로 검지 ⇒ 신호, 경보 ▪ 종류 : 습식, 건식, 준비작동식

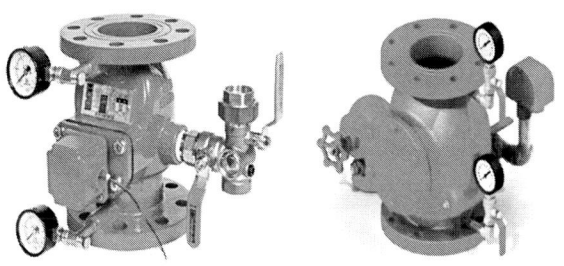

03 스프링클러설비의 종류

1. 습식 : 1,2차측 ⇒ 소화수

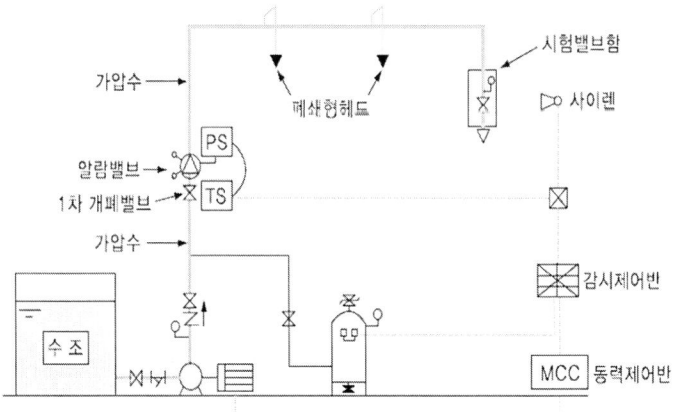

제4장 스프링클러설비 | 53

03 스프링클러설비의 종류

2. 건 식 : 2차측 ⇒ 압축공기, 축압된 질소가스

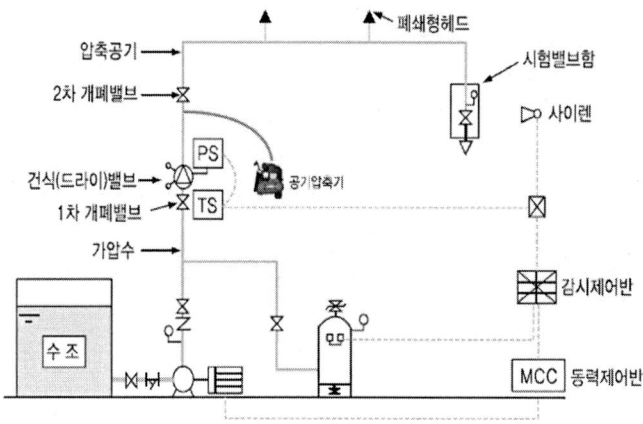

03 스프링클러설비의 종류

3. 준비작동식 : 2차측 ⇒ 대기압

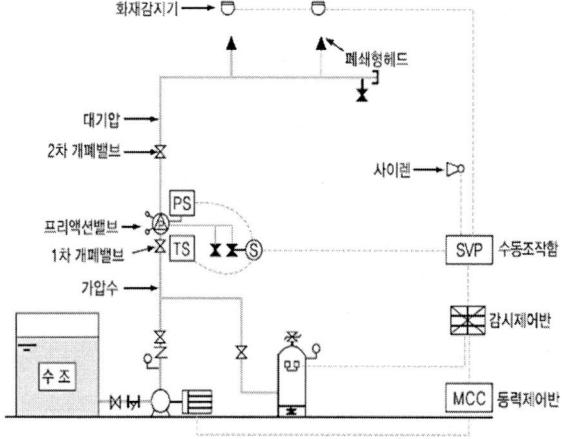

03 스프링클러설비의 종류

4. 일제살수식 : 2차측 ⇒ 대기압

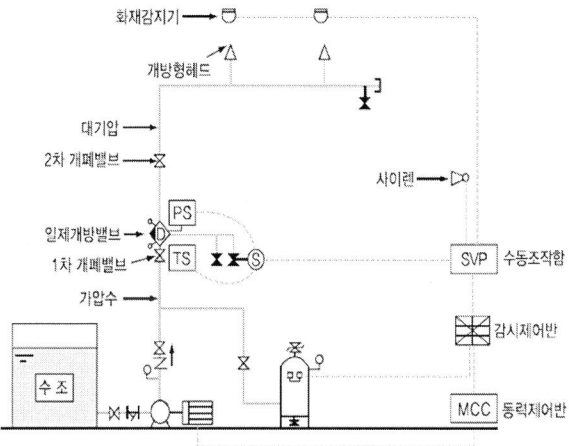

03 스프링클러설비의 종류

구 분		설비개요	구성요소	장점, 단점
폐쇄형	습식	가압수	자동경보 밸브 압력스위치, 탬퍼스위치	구조가 간단, 공사비 저렴 소화가 신속 / 유지관리 용이 동결우려 / 수손피해, 부식촉진
	건식	압축공기	건식밸브 가속기, 공기배출기 공기압축기, 압력스위치 탬퍼스위치	동결우려 장소, 옥외사용 가능 살수개시 시간 지연, 복잡함 압축공기 ⇒ 화재촉진 우려 일반헤드 ⇒ 상향형
	준비 작동식	대기압	준비작동밸브 수동조작함, 압력스위치 화재감지기, 수동기동장치 탬퍼스위치	동결우려 장소 사용가능 헤드 오동작 ⇒ 수손피해 우려(×) 헤드개방전 경보 ⇒ 조기 대처 용이 감지기 별도 시공 구조복잡, 시공비 고가 2차측 배관 ⇒ 부실우려

03 스프링클러설비의 종류

구 분		설비개요	구성요소	장점, 단점
개방형	일제살수식	대기압	일제개방밸브 화재감지기 수동기동장치 탬퍼스위치	초기화재 ⇒ 신속 대처 용이 층고가 높은 장소 ⇒ 소화가능 대량살수 ⇒ 수손 피해 우려 화재감지장치 별도 필요

03 스프링클러설비 : 종류

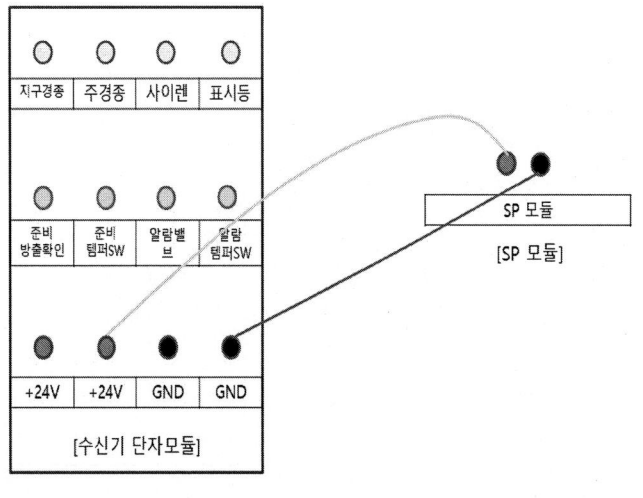

03 스프링클러설비 : 알람밸브 결선

03 스프링클러설비 : 프리액션밸브 결선

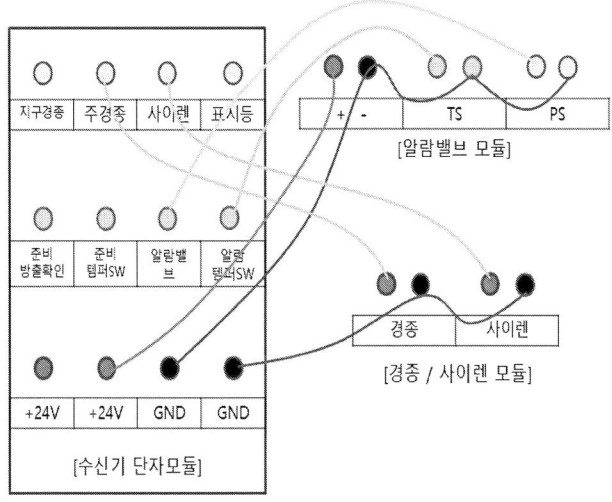

제5장
소방펌프

01 소화펌프 성능시험

1. 소화펌프 성능시험

체절운전 (무부하 시험)	■ 펌프토출측 밸브 + 유량조절밸브 ⇒ 폐쇄 ⇒ 펌프기동 ■ 확인사항 : 체절압력 ⇒ 정격토출압의 140% 이하 　　　　　　체절압력 미만 ⇒ 릴리프밸브 작동
정격부하운전 (정격부하 시험)	■ 펌프 기동 ⇒ 유량조절밸브를 개방 ■ 확인사항 : 유량계 ⇒ 정격유량상태 ⇒ 압력계 ⇒ 정격압력 확인
최대운전 (피크부하 시험)	■ 유량조절밸브 ⇒ 더욱 개방 ■ 확인사항 : 유량계 ⇒ 정격유량의 150% ⇒ 　　　　　　압력계 ⇒ 정격압력의 65% 확인
기타 확인사항	■ 가압송수장치 ⇒ 작동 ■ 표시등 및 경보등 ⇒ 동작 ■ 전동기의 운전전류 값 ⇒ 적용범위 ⇒ 여부확인 ■ 운전 중 ⇒ 소음, 진동, 발열 ⇒ 유무확인

01 소화펌프 성능시험

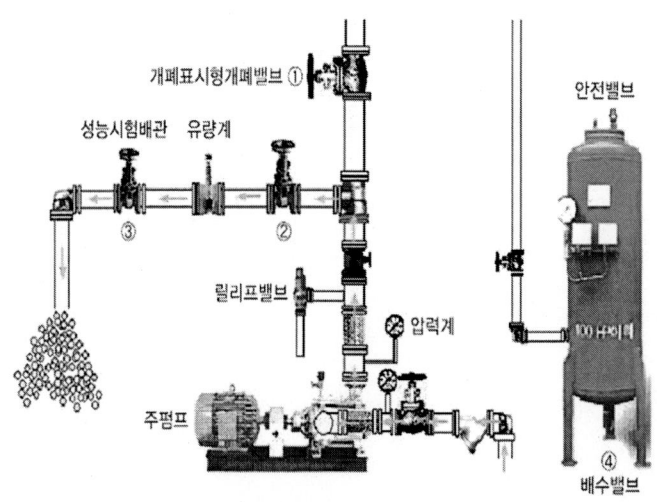

01 소화펌프 성능시험

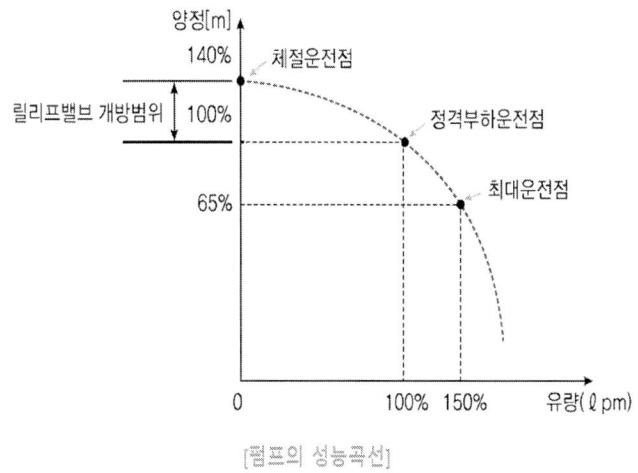

[펌프의 성능곡선]

01 소화펌프 성능시험

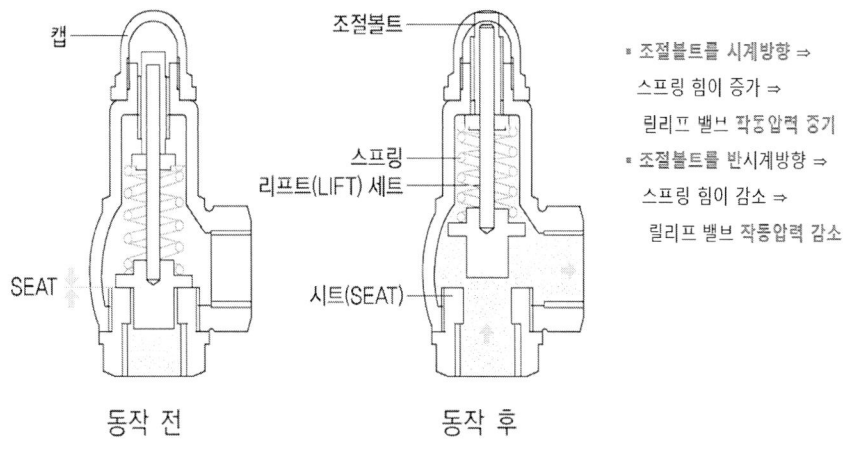

- 조절볼트를 시계방향 ⇒
  스프링 힘이 증가 ⇒
  릴리프 밸브 작동압력 증가
- 조절볼트를 반시계방향 ⇒
  스프링 힘이 감소 ⇒
  릴리프 밸브 작동압력 감소

02 소화펌프 결선

01 소화펌프 성능시험

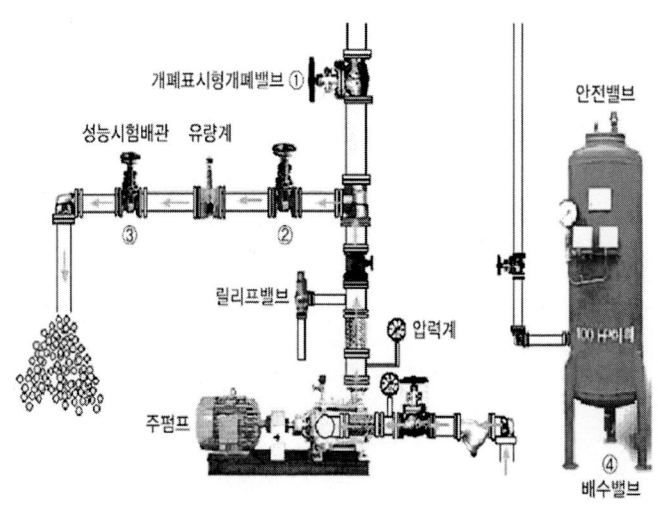

01 소화펌프 성능시험

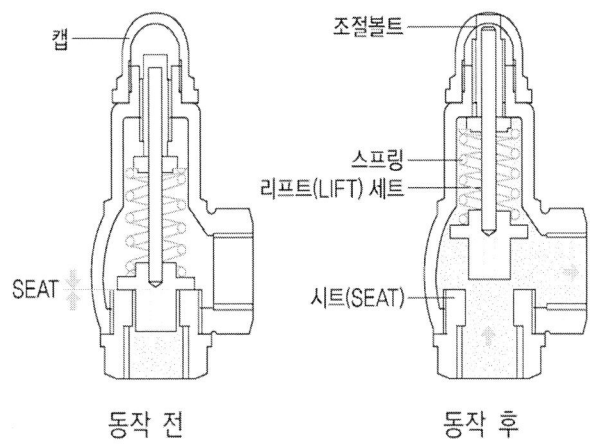

동작 전 　　　동작 후

- 조절볼트를 시계방향 ⇒
  스프링 힘이 증가 ⇒
  릴리프 밸브 작동압력 증가
- 조절볼트를 반시계방향 ⇒
  스프링 힘이 감소 ⇒
  릴리프 밸브 작동압력 감소

01 소화펌프 성능시험

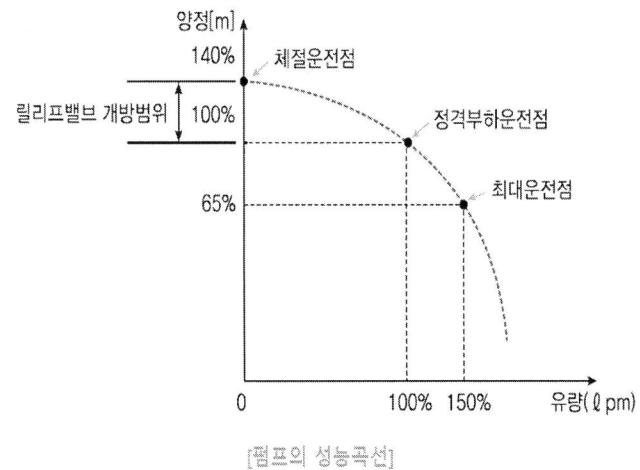

[펌프의 성능곡선]

02 소화펌프 결선

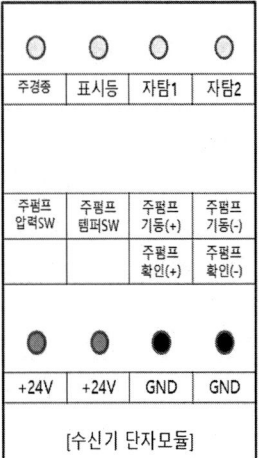

[감지기 모듈] / [경종 / 사이렌 모듈]

(+)	(-)	기동	공통	확인
	TS	TS	PS	PS

[소화펌프 모듈]

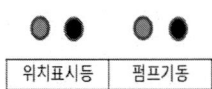

[표시등 모듈]

03 스프링클러설비 : 프리액션밸브 결선

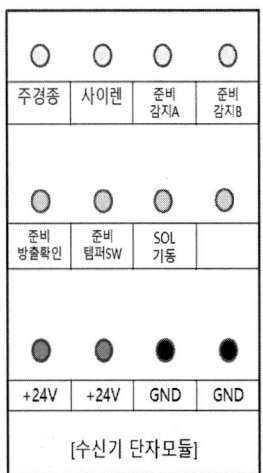

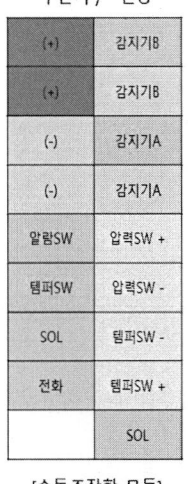

[수동조작함 모듈]

제6장
가스계 소화설비

01 가스계 소화설비의 개요

1. 개 요	<ul><li>적응성 : 일반화재, 유류화재, 전기화재</li><li>물 사용 : 물분무소화설비, 미분무소화설비, 포소화설비</li><li>물 이외 약제 　이산화탄소소화설비, 할론소화설비, 　할로겐화합물 및 불활성기체 소화설비, 분말소화설비</li></ul>

01 가스계 소화설비의 개요

2. 소화약제의 종류

	장 점	단 점
(1) 이산화탄소 소화설비	<ul><li>심부화재에 적합하다.</li><li>화재진화 후 깨끗하다.</li><li>피연소물에 피해가 적다.</li><li>비전도성이므로 전기화재에 좋다.</li></ul>	<ul><li>질식우려가 있다.</li><li>방사 시 동상우려, 소음이 크다.</li><li>설비가 고압으로 특별한 주의와 관리가 필요하다.</li></ul>
(2) 할론 소화설비	<ul><li>할로겐화합물 소화약제 ⇒ 할로겐원자의 억제작용 ⇒ 냉각, 희석, 억제소화</li><li>종류 : 축압식과 가압식</li></ul>	
(3) 할로겐화합물 및 불활성기체 소화설비	<ul><li>할론(1211, 1301, 2402) 외의 할로겐화합물 계열 및 불활성기체 계열 청정소화약제를 이용</li></ul>	

01 가스계 소화설비의 개요

3. 소화약제 방출방식

(1) 전역방출방식	▪ 고정식 소화약제 공급장치 ⇒ 배관 및 분사헤드를 고정 설치 ⇒ 밀폐방호구역 ⇒ 소화약제를 방출하는 설비
(2) 국소방출방식	▪ 고정식 소화약제 공급장치 ⇒ 배관 및 분사헤드를 고정 설치 ⇒ 직접 화점 ⇒ 소화약제를 방출하는 설비 ▪ 화재발생 부분 ⇒ 집중적 ⇒ 소화약제를 방출
(3) 호스릴방식	▪ 분사헤드 ⇒ 배관에 고정되지 않고 ⇒ 소화약제 저장용기 ⇒ 호스를 연결 ⇒ 사람이 직접 ⇒ 화점에 소화약제를 방출 ▪ 이동식 소화설비

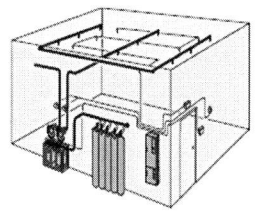
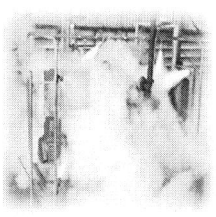

02 가스계 소화설비의 구성요소

저장용기	▪ 고압가스관리법 ⇒ 액화가스 또는 압축가스에 적용 ▪ 고압가스관리법 ⇒ 기밀시험, 내압시험 ⇒ 합격
기동용 가스용기	▪ 감지기 동작신호 ⇒ 솔레노이드밸브의 파괴침 작동 ⇒ 동관 ⇒ 기동용가스 방출 ⇒ 저장용기 봉판을 파괴 ⇒ 소화약제 방출

02 가스계 소화설비의 구성요소

솔레노이드밸브	▪ 자동방식 : 전기적인 신호 ⇒ 자동으로 격발 ▪ 수동방식 : 안전핀을 뽑고 ⇒ 수동조작버튼을 눌러서 ⇒ 격발 ▪ 솔레노이드밸브가 작동 ⇒ 파괴침 ⇒ 　기동용기밸브의 동판을 파괴 ⇒ 기동용 가스가 방출

02 가스계 소화설비의 구성요소

선택밸브	▪ 2개소 이상 ⇒ 방호구역 또는 방호대상물 ⇒ 소화약제를 공용으로 사용하는 경우 ⇒ 사용 ▪ 자동, 수동개방장치 ⇒ 개방

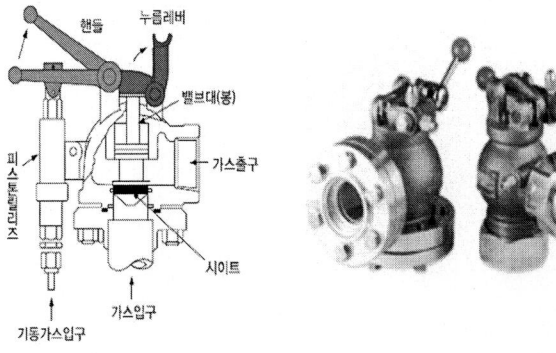

02 가스계 소화설비의 구성요소

압력스위치	▪ 가스관 선택밸브 ⇒ 2차측에 설치 ▪ 소화약제 방출 시의 압력을 이용 ⇒ 접점신호를 형성 ⇒ 제어반에 입력 ⇒ 방출표시등이 점등

  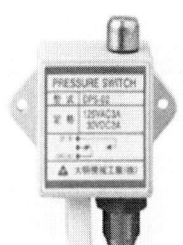

02 가스계 소화설비의 구성요소

방출표시등	▪ 소화약제 방출압 ⇒ 압력스위치의 작동 ⇒ 점등 ▪ 방호구역 내 ⇒ 거주자의 진입을 방지

일반형   

일반형   방폭형

02 가스계 소화설비의 구성요소

수동조작함 (수동식기동장치)	▪ 기동스위치 : 화재발생 ⇒ 수동조작 ⇒ 소화약제를 방출 ▪ 방출지연스위치 : 오동작 ⇒ 방출을 지연 ▪ 보호장치, 전원표시등

02 가스계 소화설비의 구성요소

방출헤드	▪ 전역방출방식 ⇒ 넓은 지역에 균일하게 확산, 방출 ⇒ 전장형 ▪ 국소지점 ⇒ 방출 ⇒ 혼(나팔형), 측벽형 등

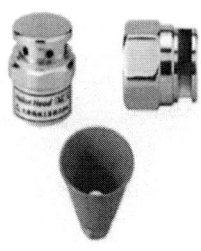 

03 가스계 소화설비의 작동순서

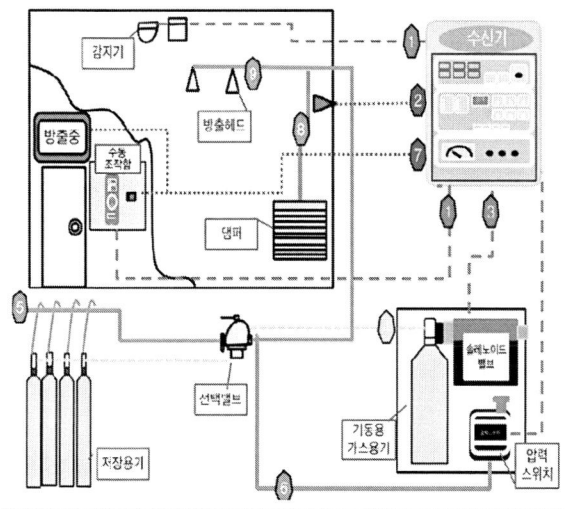

03 가스계 소화설비의 작동순서

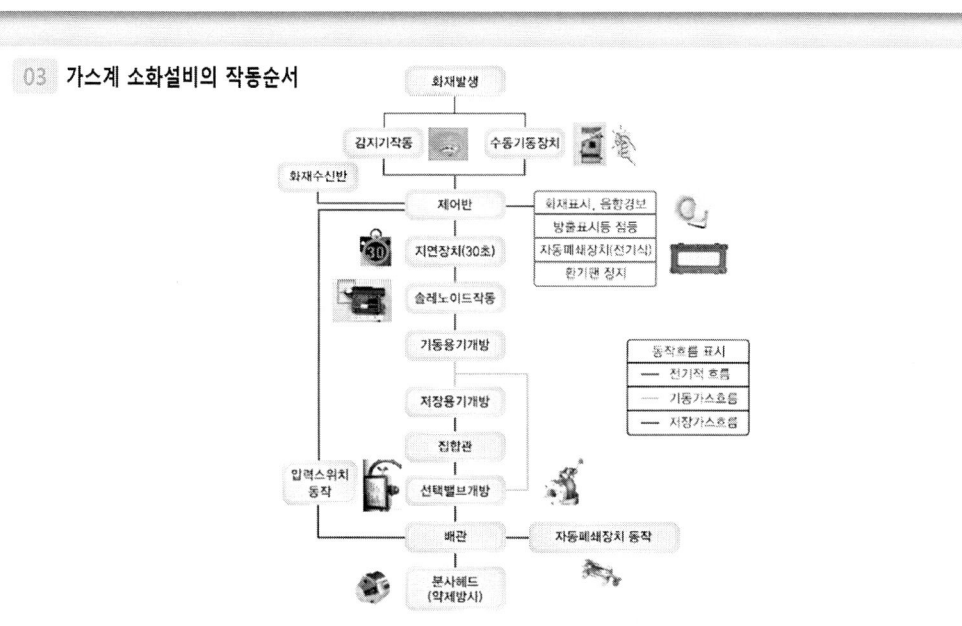

03 스프링클러설비 : 프리액션밸브 결선

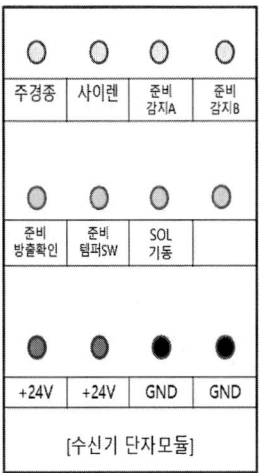

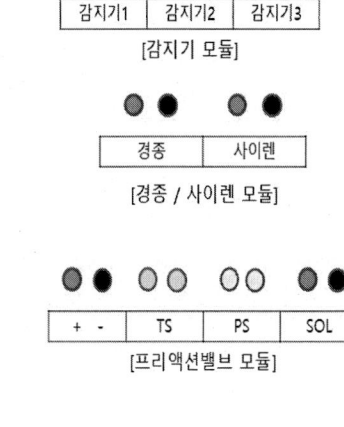

02 소화펌프 결선

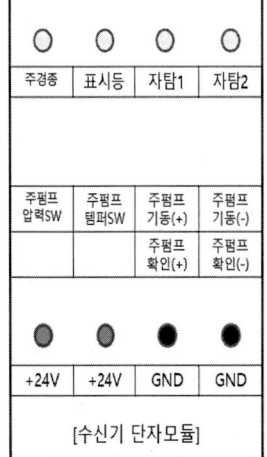

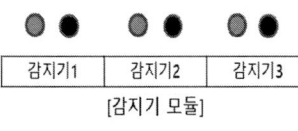

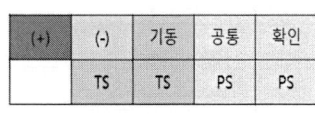

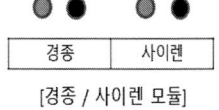

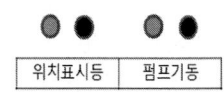

04 가스계 소화설비의 점검

1. 점검 전 안전조치

단계	관련사진 등
1단계	1) 기동용기에서 선택밸브 ⇒ 연결 ⇒ 조작동관 ⇒ 분리 2) 기동용기에서 저장용기 ⇒ 연결 ⇒ 개방용 동관 ⇒ 분리 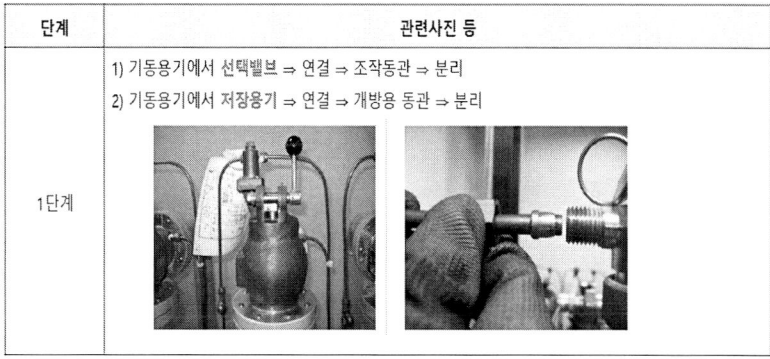

04 가스계 소화설비의 점검

1. 점검 전 안전조치

단계	관련사진 등
2단계	3) 제어반의 솔레노이드 ⇒ 연동정지 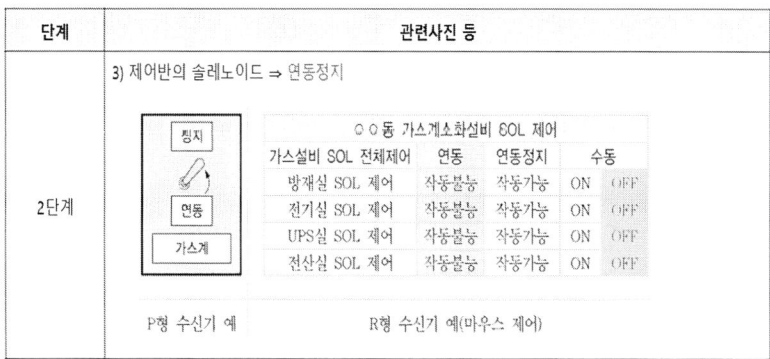 P형 수신기 예 R형 수신기 예(마우스 제어)

04 가스계 소화설비의 점검

1. 점검 전 안전조치

단계	관련사진 등
3단계	4) 솔레노이드 ⇒ 안전핀 체결 후 ⇒ 분리 ⇒ 안전핀 제거 후 ⇒ 격발 준비 안전핀 체결　　솔레노이드 분리　　안전핀 제거

04 가스계 소화설비의 점검

2. 솔레노이드밸브 격발시험 방법

구 분	관련사진 등
수동조작버튼 작동 (즉시격발)	▪ 연동전환 ⇒ 안전클립 제거 ⇒ 　기동용기 솔레노이드 밸브의 수동조작버튼 ⇒ 누름

04 가스계 소화설비의 점검

2. 솔레노이드밸브 격발시험 방법

구 분	관련사진 등
수동조작함 작동	▪ 연동전환 ⇒ 수동조작함 ⇒ 기동스위치를 누름  PUSH 형 PUSH - PULL DOWN 형

04 가스계 소화설비의 점검

2. 솔레노이드밸브 격발시험 방법

구 분	관련사진 등
교차회로 감지기 동작	▪ 연동전환 ⇒ 교차회로(A,B) ⇒ 감지기 동작 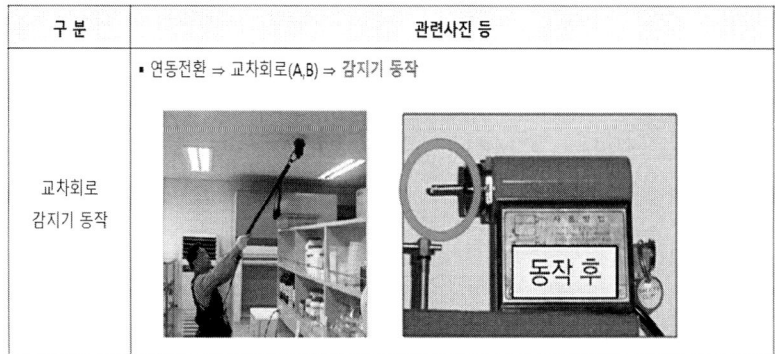

04 가스계 소화설비의 점검

2. 솔레노이드밸브 격발시험 방법

구 분	관련사진 등
제어반 수동조작 스위치 동작	▪ 솔레노이드밸브 선택스위치 ⇒ 수동위치로 전환 정지에서 기동위치로 전환 ⇒ 동작 ○○동 가스계소화설비 SOL 제어 <table><tr><th>가스설비 SOL 전체제어</th><th>연동</th><th>연동정지</th><th colspan="2">수동</th></tr><tr><td>방재실 SOL 제어</td><td>작동불능</td><td>작동가능</td><td>ON</td><td>OFF</td></tr><tr><td>전기실 SOL 제어</td><td>작동불능</td><td>작동가능</td><td>ON</td><td>OFF</td></tr><tr><td>UPS실 SOL 제어</td><td>작동불능</td><td>작동가능</td><td>ON</td><td>OFF</td></tr><tr><td>전산실 SOL 제어</td><td>작동불능</td><td>작동가능</td><td>ON</td><td>OFF</td></tr></table> R형 수신기 예(마우스 제어)

04 가스계 소화설비의 점검

2. 솔레노이드밸브 격발시험 방법

구 분	관련사진 등
동작확인	▪ 제어반 ⇒ 화재표시 ⇒ 확인 ▪ 경보발령 여부 ⇒ 확인 ▪ 지연장치의 지연시간 ⇒ 체크 확인 ▪ 솔레노이드밸브 ⇒ 작동여부 ⇒ 확인 ▪ 자동폐쇄장치 작동 + 환기장치 정지여부 ⇒ 확인

04 가스계 소화설비의 점검

3. 방출표시등 작동시험 방법

구 분	관련사진 등
1단계	▪ 압력스위치 ⇒ 테스트 버튼 ⇒ 당긴다. 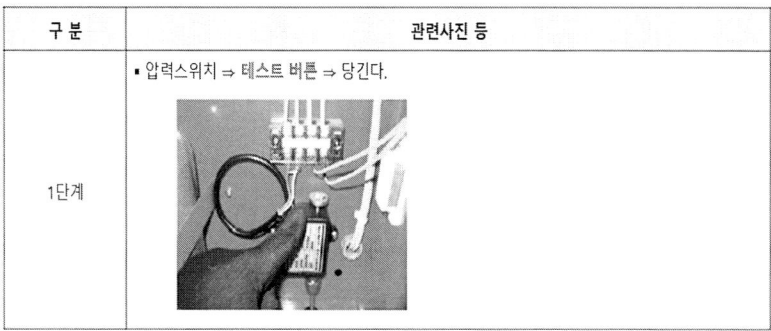

04 가스계 소화설비의 점검

3. 방출표시등 작동시험 방법

구 분	관련사진 등
2단계	▪ 확인사항 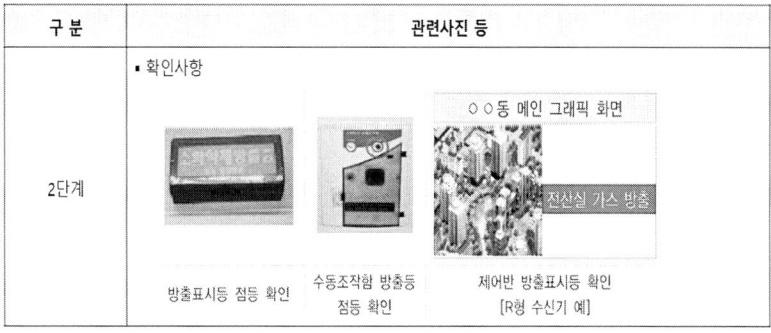 방출표시등 점등 확인 / 수동조작함 방출등 점등 확인 / 제어반 방출표시등 확인 [R형 수신기 예]

04 가스계 소화설비의 점검

3. 방출표시등 작동시험 방법

구 분	관련사진 등
3단계	▪ 테스트 버튼 ⇒ 눌러 ⇒ 복구

04 가스계 소화설비의 점검

3. 방출표시등 작동시험 방법

구 분	관련사진 등
확인사항	▪ 방호구역 출입문 상단 ⇒ 방출표시등 점등여부 ⇒ 확인 ▪ 수동조작함 ⇒ 방출등 점등(적색)여부 ⇒ 확인 ▪ 제어반 ⇒ 방출표시등

04 가스계 소화설비의 점검

4. 복구 방법

구 분	관련사진 등
1단계	▪ 제어반 ⇒ 복구스위치 ⇒ 복구 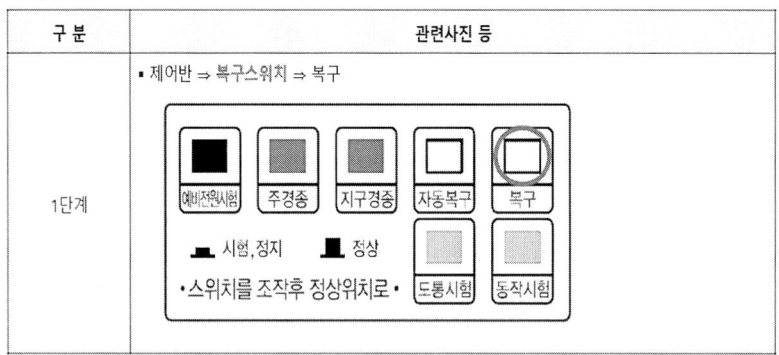

04 가스계 소화설비의 점검

4. 복구 방법

구 분	관련사진 등
2단계	▪ 제어반 ⇒ 솔레노이드 밸브 ⇒ 연동정지
3단계	▪ 솔레노이드밸브 복구 : 작동점검 ⇒ 격발 ⇒ 복구 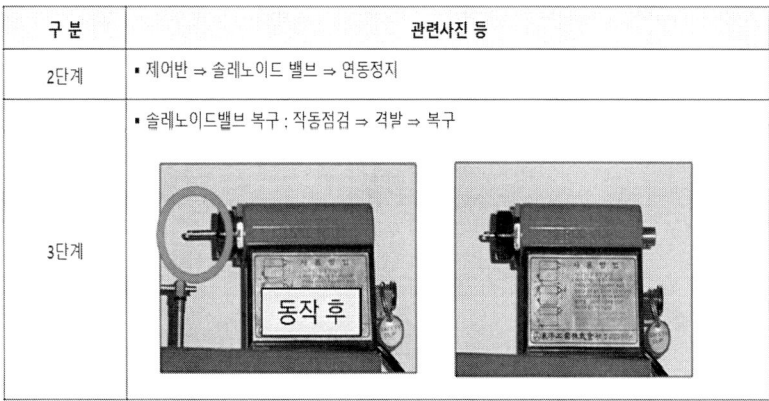

04 가스계 소화설비의 점검

4. 복구 방법

구 분	관련사진 등
4단계	▪ 솔레노이드밸브 ⇒ 안전핀 체결 ⇒ 기동용기에 결합
5단계	▪ 제어반의 스위치 ⇒ 연동상태 확인 ⇒ 솔레노이드밸브에서 안전핀 분리
6단계	▪ 조작동관 ⇒ 결함 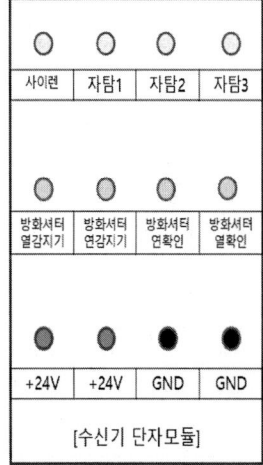 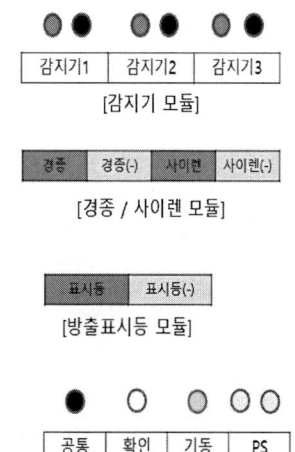

05 가스계 소화설비 결선

[수신기 단자모듈]

[수동조작함 모듈]

[감지기 모듈]

[경종 / 사이렌 모듈]

[방출표시등 모듈]

[기동용기함 모듈]

05 가스계 소화설비 결선

강의노트

🚗 1.

🚗 2.

🚗 3.

제7장
제연설비

01 제연설비의 개념

1. 제연설비의 목적

거실 제연설비	▪ 연기배출 ⇒ 연기농도 희석 / 청결층 유지
부속실 제연설비	▪ 부속실 가압 ⇒ 연기유입 방지
공통사항	▪ 연기 ⇒ 질식방지 ⇒ 피난자의 안전도모 ▪ 소화활동 ⇒ 안전공간 확보

01 제연설비의 개념

2. 제연설비의 종류

구 분	거실제연설비	부속실 제연설비
목 적	인명안전, 수평피난, 소화활동	인명안전, 수직피난, 소화활동
적 용	화재실(거실)	피난로(부속실, 비승, 계단실)
제연방식	급배기 방식	급기가압방식

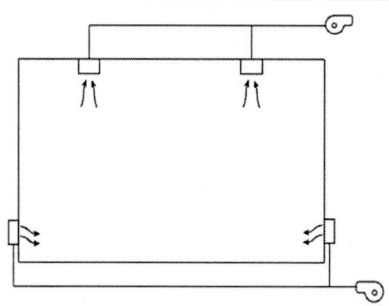

01 제연설비의 개념

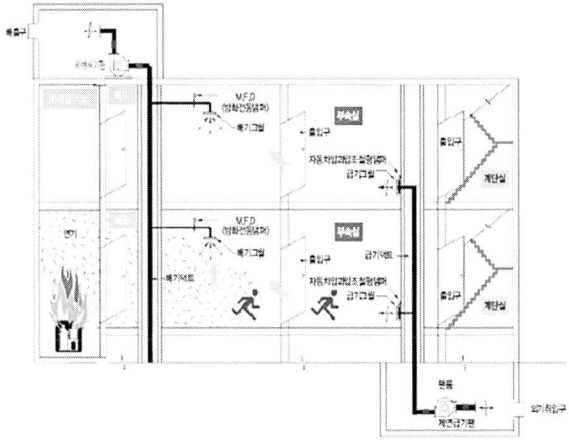

[급기가압 제연설비 계통도]

02 부속실 제연설비

1. 부속실 제연설비 개요

급기가압	▪ 가압공간 ⇒ 공기를 공급 ⇒ 차압형성
가압공간	▪ 특별피난 계단 ⇒ 계단실, 부속실, 비상용승강장
제연방법	▪ 부속실 ⇒ 신선한 공기로 가압 ⇒ 차압유지 ⇒ 연기유입 방지

02 부속실 제연설비

2. 제연구역의 선정

동시제연	▪ 계단실, 부속실 ⇒ 동시제연
단독제연	▪ 부속실 ⇒ 단독제연 ▪ 계단실 ⇒ 단독제연 ▪ 비상용승강기 승강장 ⇒ 단독제연

02 부속실 제연설비

3. 차압

개 념	▪ 계단으로 연기유입 방지 ⇒ 제연구역과 옥내 ⇒ 기압의 차이
성 능	▪ 최소차압 ⇒ 40 Pa 이상 / 문 개방력 ⇒ 110 N 이하

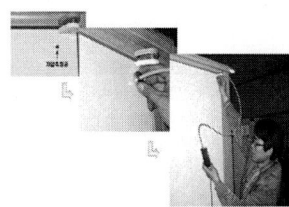
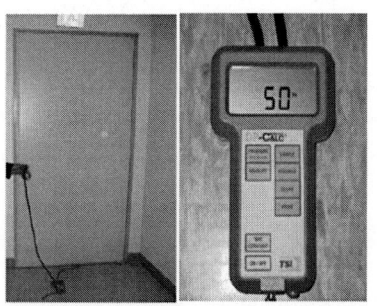

02 부속실 제연설비

4. 방연풍속 : 연기유입 ⇒ 방지하는 풍속

제연구역		방연풍속
계단실 및 부속실 동시제연, 계단실 단독제연		0.5 m/s
부속실 단독제연 비상용승강장 단독제연	거실과 접하는 경우	0.7 m/s
	복도와 접하는 경우 + 방화구조	0.5 m/s

02 부속실 제연설비

5. 제연구역 및 옥내의 출입문

제연구역	▪ 평상 시 ⇒ 자동폐쇄장치 ⇒ 닫힘 상태 유지 ▪ 감지기 작동 ⇒ 연동 ⇒ 즉시 닫히는 방식 ▪ 자동폐쇄장치 ⇒ 가압 ⇒ 충분한 폐쇄력
옥내 출입문	▪ 자동폐쇄장치 ⇒ 자동 ⇒ 닫히는 구조 ▪ 거실쪽으로 열리는 구조 ⇒ 유입공기 ⇒ 충분한 폐쇄력

03 제연설비 결선 : 급기댐퍼

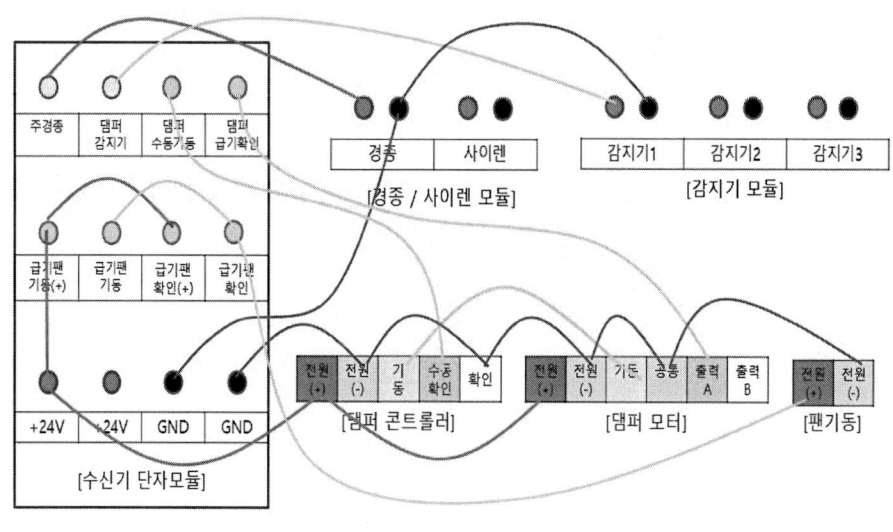

03 제연설비 결선 : 배기댐퍼

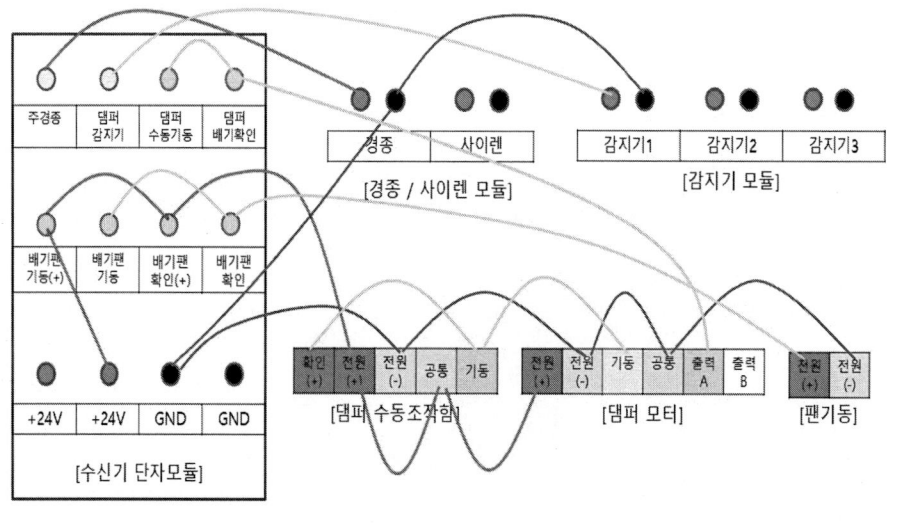

제8장
건축방재설비

01 **방화셔터**

1. 정 의	■ 화재 ⇒ 열, 연기를 감지 ⇒ 자동폐쇄 ■ 설치장소 : 체육관, 공항 등 ⇒ 넓은 공간 ⇒ 내화구조 벽 설치(x)

열감지기   연기감지기
폐쇄기 등
유도등
갑종방화문(일체형이 아닐 경우)
셔터
비상구(일체형 셔터일 경우)   연동제어기

01 **방화셔터**

2. 주요구성 요소	■ **화재 감지기** : 열, 연기 ⇒ 감지기 / 연동제어기 ⇒ **신호발신** ■ **유도등** : 비상구 상부에 설치 ⇒ 방화셔터 동작 ⇒ 피난구 표시 ■ **연동제어기** : 감지기 신호 ⇒ 수신 ⇒ 방화셔터 작동 ■ **모터 및 폐쇄기** : 연동제어기 신호 ⇒ 수신 ⇒ 셔터를 상승, 하강 (수동가능) ■ **셔터** : 전동, 수동 ⇒ 개폐하는 구조 ⇒ 내화, 차연, 개폐성능
3. 작동원리	■ 연기 감지기 동작 ⇒ 연동제어기 신호 확인 ⇒ 부저경보 + 셔터 일부폐쇄 ■ 열감지기 동작 ⇒ 연동제어기 신호 확인 ⇒ 셔터 완전폐쇄

01 방화셔터

4. 점검

점검 전 조치사항	• 방화셔터 아래 ⇒ 적재물 확인 (적재물 파손, 셔터 고장) • 감시제어반 ⇒ 제어 스위치 ⇒ 연동(자동) 위치

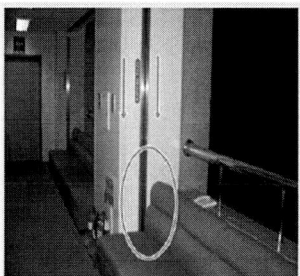 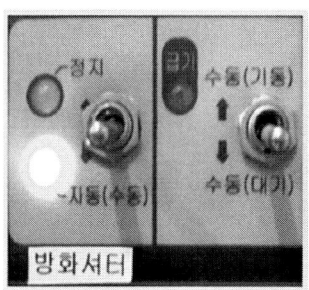

01 방화셔터

4. 점검

수동작동확인 (셔터 일체형)	• 연동제어기 수동조작스위치 ⇒ 버튼 누름 ⇒ 셔터 하강 확인 • 완전 폐쇄 후 ⇒ 정상적으로 작동중지 ⇒ 확인 • 셔터의 상부 ⇒ 상층 바닥 ⇒ 직접 닿았는지 확인 틈새 없이 ⇒ 완전 밀폐 ⇒ 확인 / 틈새 ⇒ 방화구획 처리 ⇒ 확인

  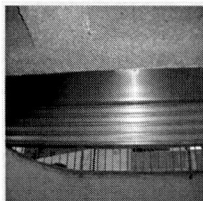 

01 방화셔터

4. 점검

출입구 설치여부 확인	▪ 출입구 설치여부 확인 　유효 너비 ⇒ 0.9m 이상 / 유효 높이 ⇒ 2m 이상 　비상구 유도등 또는 유도표지 ⇒ 설치여부 확인 　출입구 부분 ⇒ 색상 구분 ⇒ 확인 ▪ **비일체형 방화셔터** : 피난상 유효한 갑종방화문 ⇒ **3m 이내** ⇒ 별도 설치

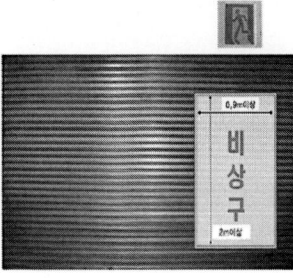
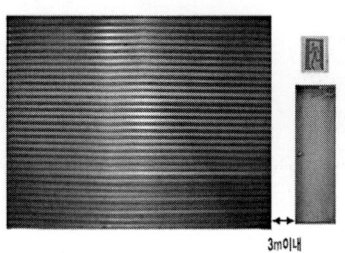

01 방화셔터

4. 점검

수동작동 확인 (연동 제어기)	▪ 작동확인 램프 ⇒ 정상적으로 점등여부 ⇒ 확인 ▪ 음향 ⇒ 정상적으로 출력여부 ⇒ 확인 ▪ 복구버튼 ⇒ 누름 ⇒ 작동상태 복구 ▪ 수동조작 스위치 ⇒ UP 스위치 작동 ⇒ 셔터 상승 확인 ▪ 완전 개방 후 ⇒ 정상적으로 중지여부 ⇒ 확인

01 방화셔터

4. 점검

자동작동 확인	▪ 연기 감지기 작동 ⇒ 셔터 일부 폐쇄 ⇒ 확인 ▪ 열 감지기 작동 ⇒ 셔터 완전 폐쇄 ⇒ 확인 (공칭작동 온도 ⇒ 60~70 ℃ ⇒ 보상식, 정온식) ▪ 셔터의 상부 ⇒ 상층 바닥 ⇒ 직접 닿았는지 확인 틈새 없이 ⇒ 완전 밀폐 ⇒ 확인 / 틈새 ⇒ 방화구획 처리 ⇒ 확인

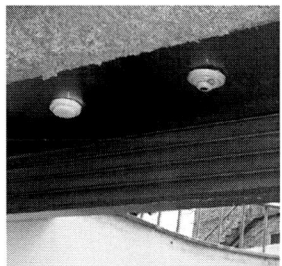 

01 방화셔터

4. 점검

자동작동 확인	▪ 연동제어기 ⇒ 작동확인 램프 ⇒ 정상적으로 점등여부 ⇒ 확인 연동제어기 ⇒ 작동음향 ⇒ 정상적으로 출력여부 ⇒ 확인 ▪ 연동제어기 ⇒ 복구 버튼을 눌러 ⇒ 작동상태 ⇒ 복구 ▪ 수동조작 스위치 ⇒ UP 버튼 눌러 ⇒ 셔터 상승 ⇒ 확인 ▪ 완전개방 후 ⇒ 정상적으로 중지여부 ⇒ 확인

 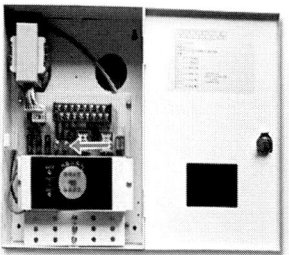

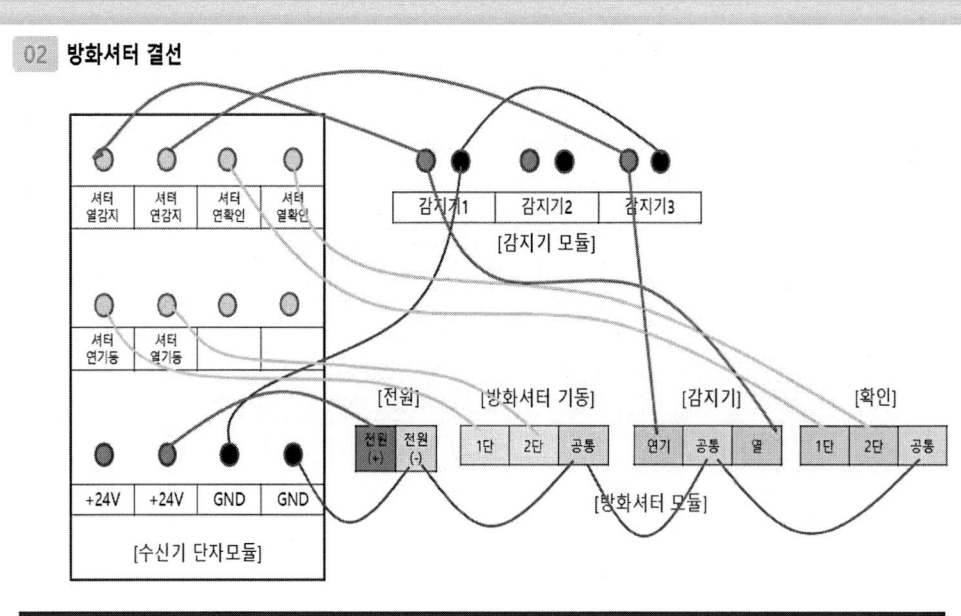

강의노트

🚗 1.

🚗 2.

🚗 3.

예듀컨텐츠·휴피아
CH Educontents Huepia

현장맞춤 소방설비 점검

2024년 11월 10일 초판 1쇄 인쇄
2024년 11월 15일 초판 1쇄 발행

저　　자	**김귀주 · 김규현** 共著
발 행 처	도서출판 에듀컨텐츠휴피아
발 행 인	李 相 烈
등록번호	제2017-000042호 (2002년 1월 9일 신고등록)
주　　소	서울 광진구 자양로 28길 98, 동양빌딩
전　　화	(02) 443-6366
팩　　스	(02) 443-6376
e-mail	iknowledge@naver.com
web	http://cafe.naver.com/eduhuepia
만든사람들	기획·김수아 / 책임편집·이진훈 정민경 하지수 박현경 황수정 디자인·유충현 / 영업·이순우

ISBN　978-89-6356-486-9 (93530)
정　가　14,000원

ⓒ 2024, 김귀주, 김규현, 도서출판 에듀컨텐츠휴피아

> 이 책은 저작권법에 따라 보호받는 저작물이므로 무단전재와 무단복제를 금지하며, 책 내용의 전부 또는 일부를 이용하려면 반드시 저작권자 및 도서출판 에듀컨텐츠휴피아의 서면 동의를 받아야 합니다.

[본 교재는 강동대학교 연구지원사업비를 지원받아 출간하였습니다.]